准考证号＿＿＿＿＿＿

姓名＿＿＿＿＿＿

全国注册城市规划师执业资格考试

《城市规划实务》

真题试卷(2012年)～(2011年)

重要提示：

1. 考生首先应将姓名、准考证号用签字笔写在试卷册和答题卡的相应位置，并用2B铅笔填涂答题卡的相应位置。

2. 考生应按要求将答案答在答题卡指定位置上，所有答案均不得答在试卷上！

3. 考试结束后，考生务必将本卷册和答题卡一并上交监考人员。

4. 考生应按要求在答题卡上作答。如果不按标准进行填涂或直接答在试卷上，则均属无效作答！

2012年全国注册城市规划师执业资格考试真题试卷

《城市规划实务》

试题一(共15分)

A市为某省一地级市,地处该省最发达地区与内陆山区的缓冲地带,是国家历史文化名城、水陆空交通枢纽,和邻近的B市、C市共同构成该省重要的城镇发展组群。经相关部门批准,目前要对A市现行城市总体规划进行修编。

【问题】

试问,在新版城市总体规划编制过程中,分析和研究A市城市性质时应考虑哪些主要因素?

试题二(共10分)

图1为某县级市中心城区总体规划示意图,规划人口为36万,规划城市建设用地面积为 $43km^2$。该市确定为以发展高新技术产业和产品物流为主导的综合性城市,规划工业用地面积占总建设用地面积的35%。铁路和高速公路将城区分为三大片区,即铁西区、中部城区、东部城区。铁西区主要规划为产品物流园区和居住区;中部城区包括老城区和围绕北湖规划建设的金融、科技、行政等多功能的新城区;东部城区规划为高新化工材料生产、食品加工为主导的工业组团。

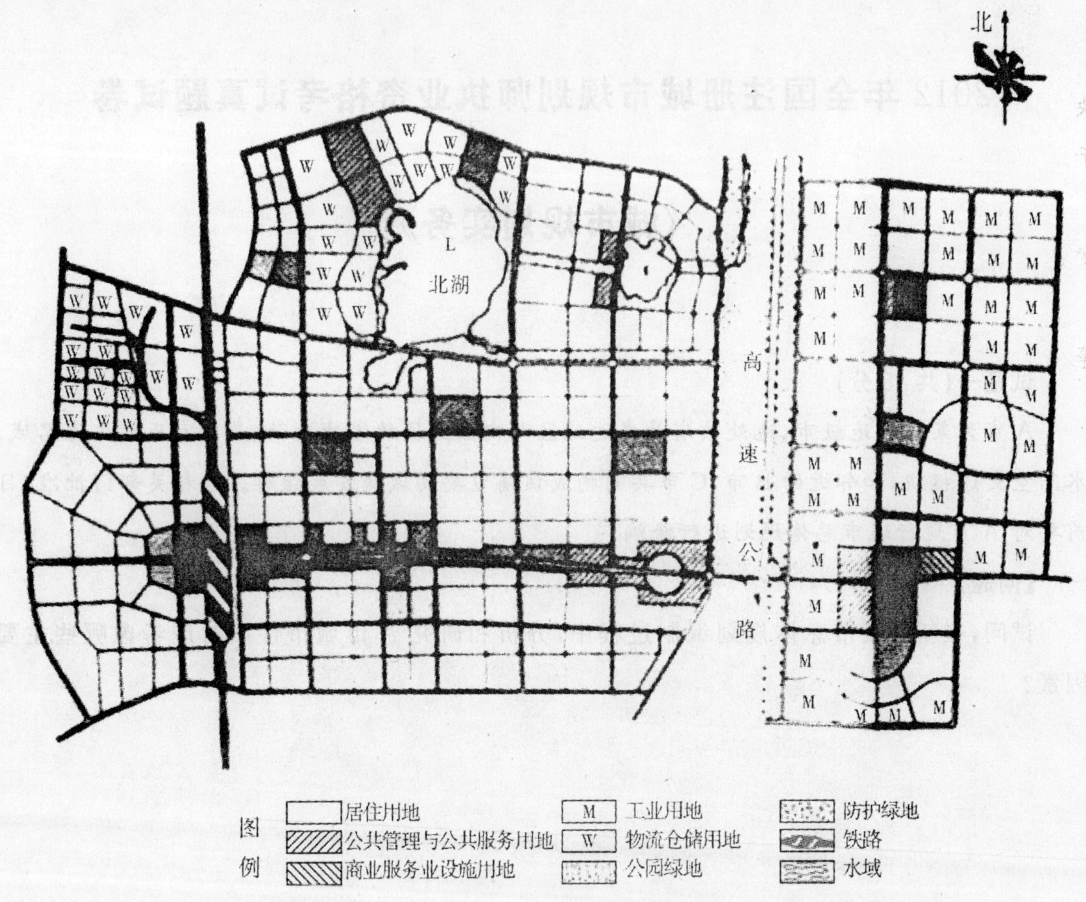

图 1　某县级市中心城区总体规划示意图

【问题】

试问，该总体规划在用地规模、布局和交通组织方面存在哪些主要问题，为什么？

试题三(共15分)

图2为某市大学科技园及教师住宅区详细规划方案示意图。规划总占地面积51hm²。地块西边为城市主干道。道路东侧设置20m宽城市公共绿带。地段中部的东西向道路为城市次干道,道路的北侧为大学科技园区,南侧为教师住宅区。

科技园区内保留有市级文物保护单位一处,结合周边广场绿地,拟通过文物建筑修缮和改扩建作为园区的综合服务中心。

教师住宅区的居住建筑均能符合当地日照间距的要求。设置的小学、幼儿园以及商业中心等公共服务设施和市政设施均能满足小区需要。

在规划建设用地范围内未设置机动车地面停车场的区域。均通过地下停车场满足停车需求。

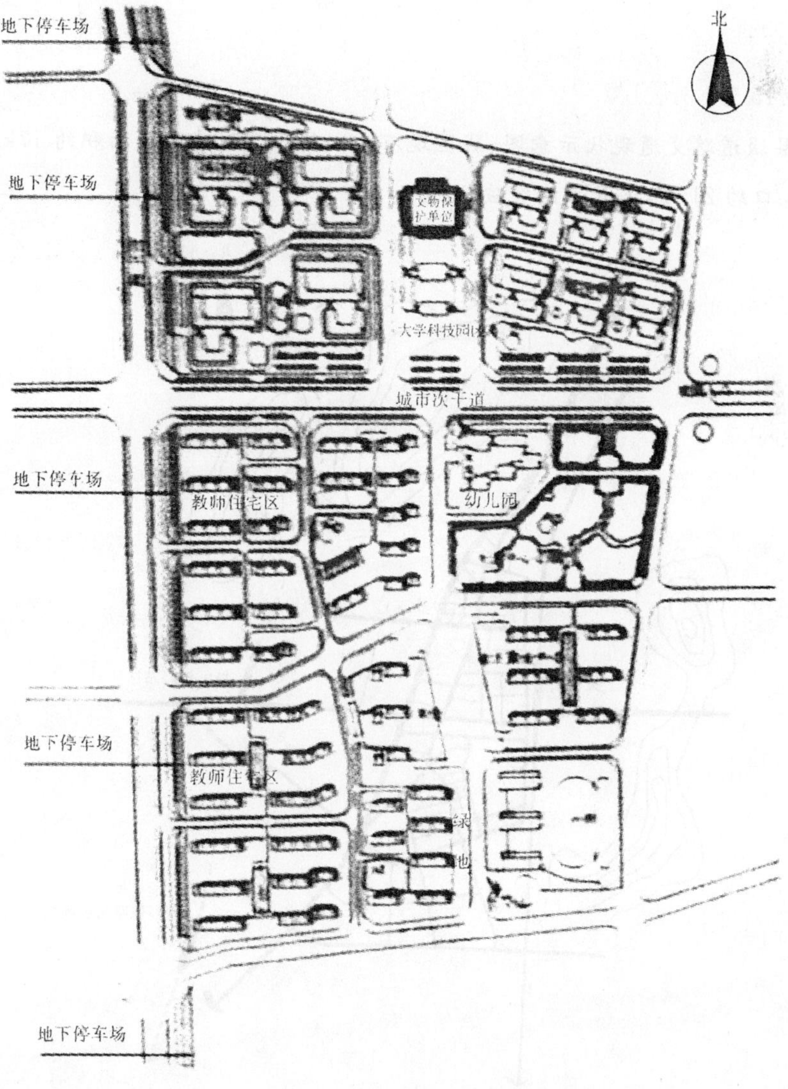

图2 某地详细规划方案示意图

【问题】

试问，该详细规划方案中存在哪些主要问题，为什么？

试题四（共 15 分）

图 3 为某县城道路交通现状示意图，城区现有人口约 15 万，建成区面积约 $17km^2$。规划至 2020 年，城区人口约 21 万，远景可能突破 30 万。

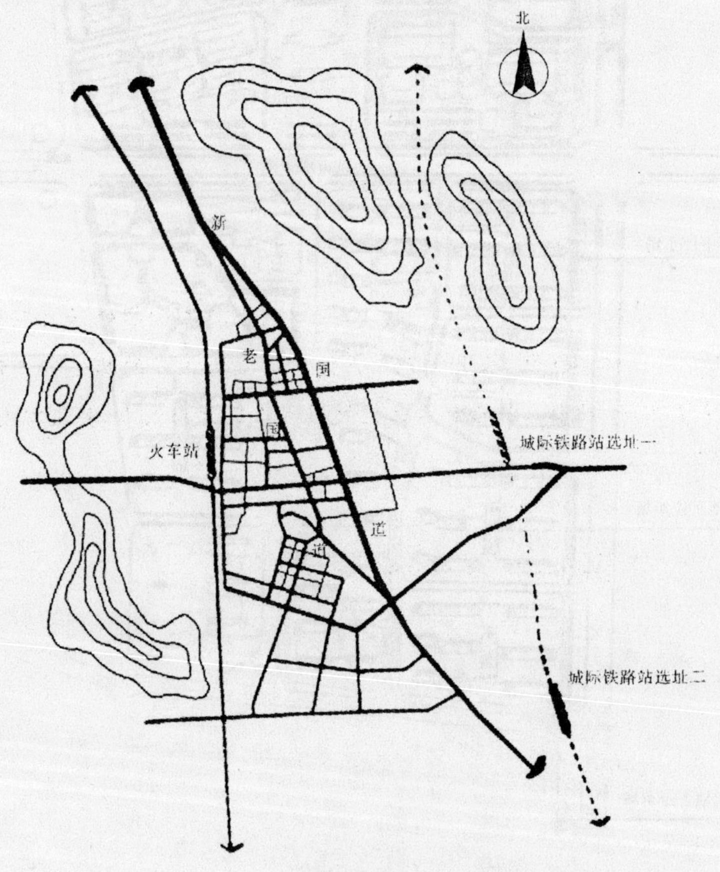

图 3　某县城道路交通现状示意图

火车站东侧是老城区和市中心，城市南部为工业区，城市东部为新建的住宅区。贯穿城区南北中部的是一条老国道，新国道已外迁至老城区东侧。城市东西向有3条主干路。现状路网密度约3.3km/km²，其中主干路网密度1.2km/km²，次干路网密度1.5km/km²，支路网密度0.6km/km²。

根据相关上位规划，未来将有一条南北走向的重要城际铁路在城市东侧选线经过，并拟在该城区设城际铁路车站，有两个车站选址方案可供比选。

【问题】

1. 该县城现状道路网及其交通运行组织存在哪些主要问题？

2. 城际铁路车站选址适宜的位置是哪个？为什么？

试题五(共15分)

某市规划局按领导要求，组织有关部门在两周内就某地块的控规修改完成如下工作：由规划院对控规修改的必要性进行论证，规划院将论证情况口头向规划局进行了汇报，经规划局同意后，规划院修改了控规，规划局将修改后的控规报市人民政府批准，并报市人大常委会和上级人民政府备案。

【问题】

试问，该地块的控规修改工作主要存在哪些问题？

试题六(共 15 分)

某国家历史文化名城,为纪念近代发生在该市的一起重大历史事件,市政府拟规划建设一座历史专题博物馆。

【问题】

试问,作为该市规划管理人员,在该专题博物馆的选址工作中,应重点做好哪些工作和遵循什么原则?

试题七(共 15 分)

经批准,某公司在城市中心区与新区之间的绿化隔离地区内建设植物栽培基地,总占地一百亩。该公司种植了一些乔木和灌木后,以管理看护为名,擅自建设了几十栋经营用房。

【问题】

试指出该公司的具体违法行为,规划行政主管部门对此应如何处理?

2011 年全国注册城市规划师执业资格考试真题试卷

《城市规划实务》

试题一(共 15 分)

图 1 为西南内陆地区某县县域城镇体系规划示意图。该县县域面积 1316km^2,西北部为丘陵山区,东南部为平原,临近区域中心城市甲,北江是它们共同的水源地。

2009 年底,该县县域城镇化水平为 42%,人均 GDP 为 21240 元,经济发展水平略低于全国平均水平。

规划提出 2020 年县域总人口 80 万,其中:县城城市人口 30 万;重点镇 5 个,每个镇驻地人口 2.6 万;一般镇 13 个,每个镇驻地人口 1 万人左右。规划确定城镇主导职能如下:县城为综合服务,重点镇 A 为农产品加工,重点镇 B 为商贸和旅游,重点镇 C 为旅游及建材,重点镇 D 为商贸服务,重点镇 E 为化工和物流。

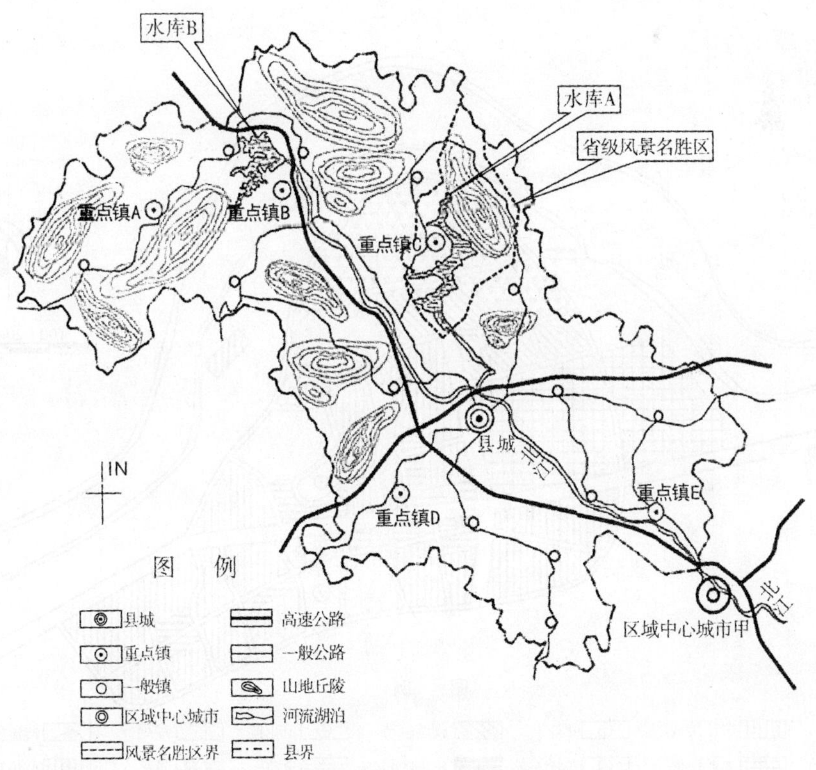

图 1　某县县域城镇体系规划示意图

【问题】

试对该规划存在的主要问题进行评析。

试题二(共 15 分)

某镇位于我国西部某大河沿岸，临近国家重要的高山林业水源涵养区。该镇对外交通便捷，旅游资源丰富。作为传统的农业城镇，近年来在国家扶贫开发、生态移民、重点培育旅游服务基地等政策的支持下，经济社会发展迅速。该镇近期拟依托水电资源优势，发展电解铝等产业。

镇区 2009 年现状人口 2860，建设用地 49.2 公顷，人均 172m^2，规划预测到 2020 年人口规模达到 6000 左右，建设用地为 89.4 公顷，人均 149m^2。镇区空间发展主要向东、向西两翼拓展，规划布局简图如图 2 所示。

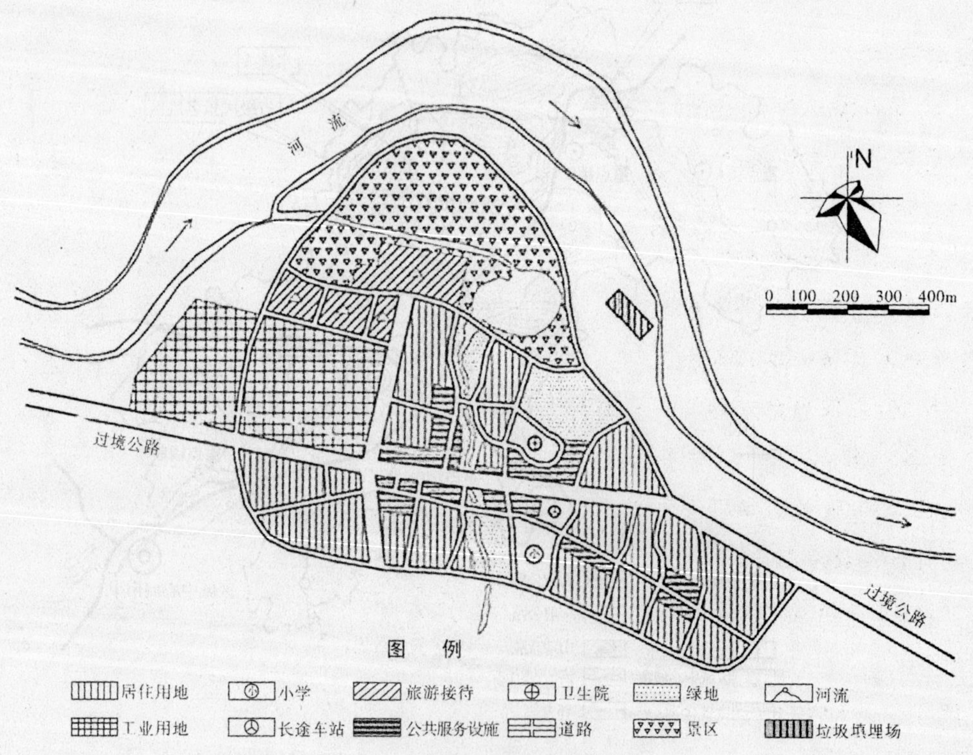

图 2 某县县域城镇体系规划示意图

【问题】

试指出该镇总体规划中在城镇规模、产业发展及其布局、道路、市政设施等方面存在的主要问题并阐明理由。

试题三(共 15 分)

图 3 为北方寒冷地区某城市一居住小区规划，基地面积含代征道路用地共计 15.1 公顷。用地北侧为城市快速路，东侧为主干路，南侧为次干路，西侧为支路。根据控制性详细规划，地段内配建幼儿园、小学各一座，以及一定数量的地区商业服务设施。当地日照间距系数为 1.7。规划方案中，住宅层高 2.7m，层数如图所示。

经评审，该方案环境良好、市政设施齐备。

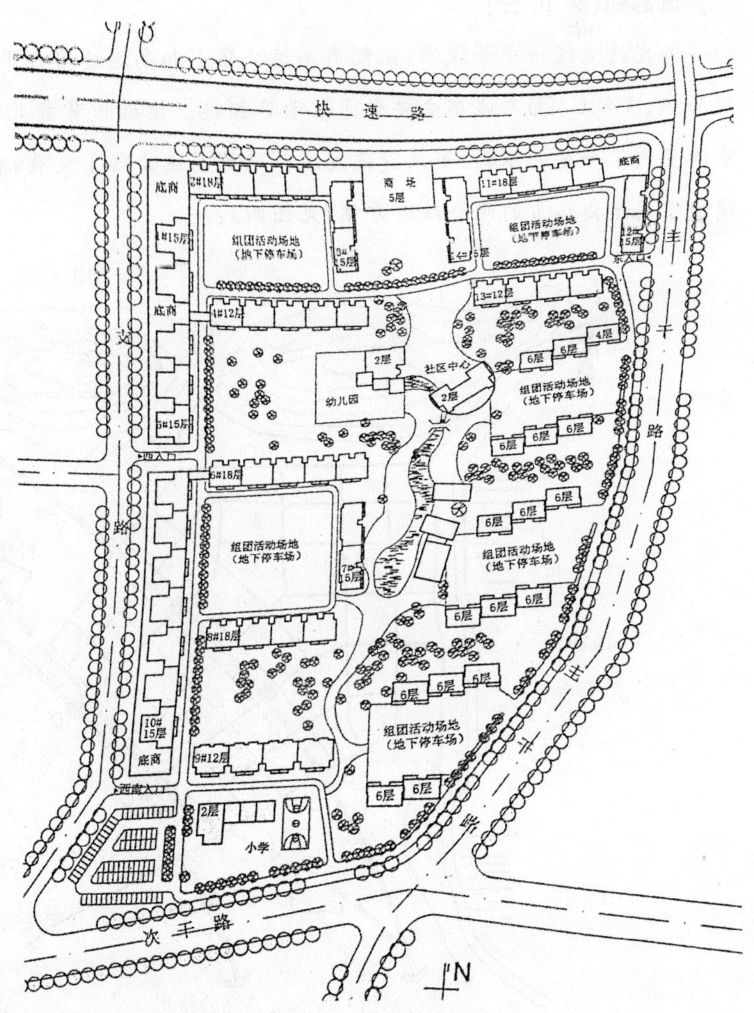

图 3　某居住小区规划方案示意图

【问题】

试分析该方案存在哪些主要问题,并简述其理由。

试题四(共 10 分)

某发达地区一中等城市,东侧有高速公路Ⅰ和高速公路Ⅱ平行通过,并各有两个出入口(分别为 A、B 和 C、D)与城市主要交通性干路相接。该城市背靠北山、西邻海湾,近年来城市发展空间受到了一定的限制,市政府决定城市跨越高速公路Ⅰ发展,建设新区。为此,城市规划部门提出了高速公路Ⅰ的两个改造方案(见图四):

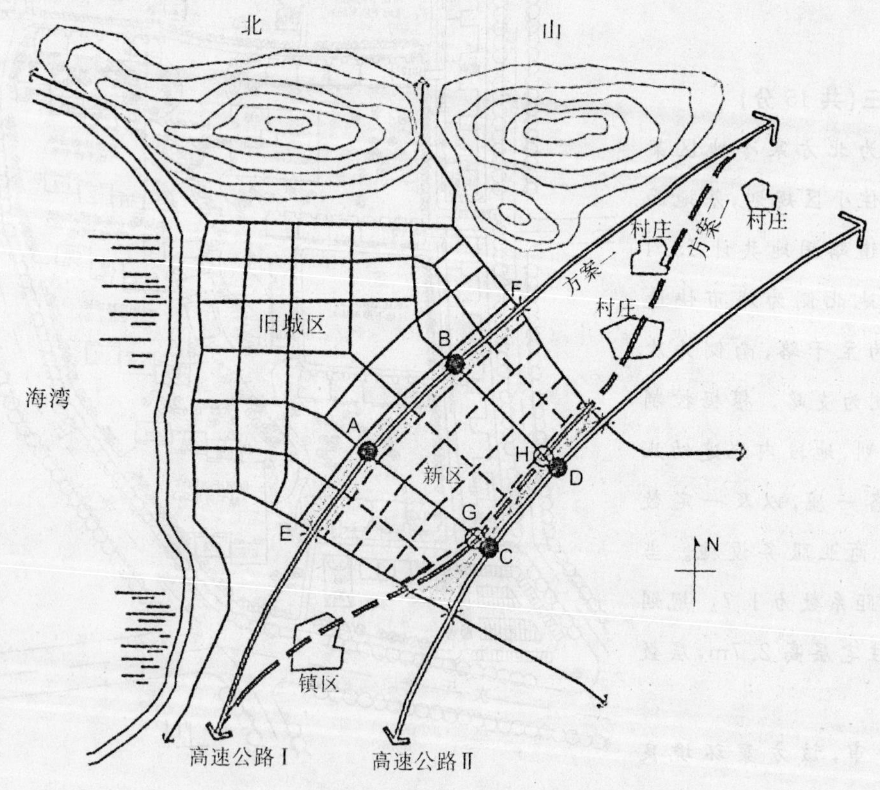

图 4 某城市高速公路选线方案示意图

方案一:将高速公路Ⅰ在城区段改造为高架路,并将出入口 A、B 分别迁移至 E、F 点,原路段改造为城市干路并与其他垂直向干路平交,高速公路两侧设置防护绿地;

方案二:将高速公路Ⅰ外移至高速公路Ⅱ的两侧,部分路段共用一个交通走廊,并将出入口 A、B 分别迁移至 G、H 点,高速公路Ⅰ的原线位改造为城市主干路。

【问题】

试结合现状用地条件,从新区开发、建设成本、与道路系统关系以及对景观环境的影响方面,分析两个方案的优缺点,并提出推荐方案。

试题五(共 15 分)

某县城一地块北依北山风景区,南邻南湖,现状东、西两侧均为二类居住用地。控制性详细规划确定该地块用地性质为二类居住用地,建筑高度不高于 15m,容积率不大于 1.5,建筑密度不大于 35%,根据控制性详细规划制订的规划条件已包含在土地出让合同中。A 公司经土地市场取得该地块土地使用权(规划建设用地范围如图 5—1 所示)。规划行政主管部门已核发建设用地规划许可证和建设工程规划许可证。A 公司依法开工后,在基础施工过程中发现基地内有宋代墓葬。文物管理部门经考古勘探,确定其为县级文物保护单位,会同规划行政主管部门划定并公布了文物保护范围和建设控制地带。县政府办公会会议纪要确定,文物保护范围的用地性质调整为对社会开放的街头游园,要求 A 公司调整建设方案(调整后的建设用地范围如图 5—2 所示)。

由于建设用地范围调整后造成 A 公司的损失,A 公司向规划行政主管部门提出申请,要求将规划容积率调整为 1.6,其他规划条件不变。为补偿该公司的损失,规划行政主管部门初步分析,原则同意了该要求。

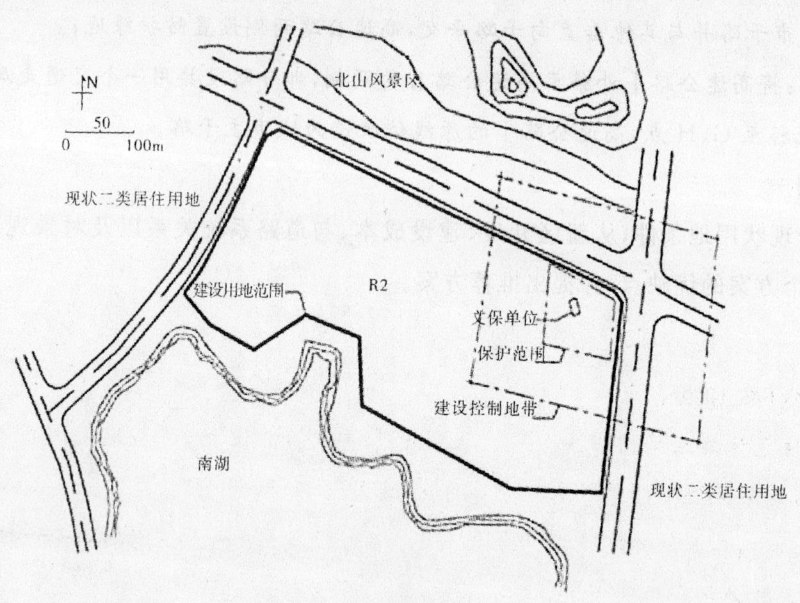

图 5－1　规划建设用地范围

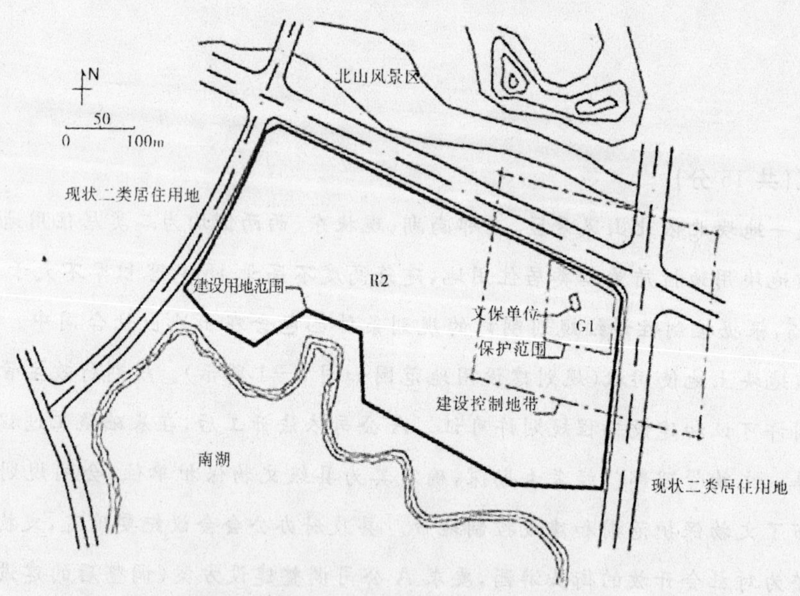

图 5－2　调整后的规划建设用地范围

【问题】

1. 该出让地块的规划条件是否可以变更？并简述其理由。

2. 若规划条件可以变更，在核发新的建筑工程规划许可证前，规划管理部门须经过哪些基

本工作程序？若规划条件不可以变更，是否需要核发新的建设用地规划许可证和建设工程规划许可证？

试题六（共10分）

某县城总体规划结构如图6所示。现有三个发展机会，需在县城范围内选址建设三项工程：一是随着三级航道的煤炭和建材等件杂货运量快速上升，需选择路径建设铁路专用线，以实现公铁水联运；二是随着物流量的上升，拟选址建设物流商务园（物流企业管理和物流信息管理中心）；三是随着社会主义新农村建设的推进，农副产品产量和质量快速提升，拟选址建设农副产品交易市场。

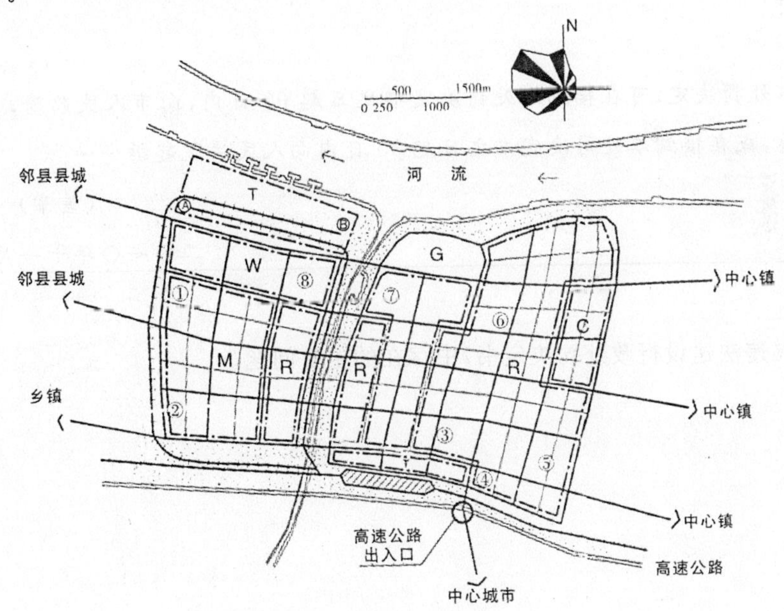

图6 某县城总体规划结构示意图

【问题】

试根据图示结构，对A、B两条专用线选线进行比选，并阐明理由；在1至8号地段中选址物流商务园和农副产品交易市场，并阐明理由。

试题七(共 15 分)

某市规划局在对一宗违法建设案进行处理时,认定该项目可采取改正措施消除对规划实施的影响,发出如下《违法建设行政处罚决定书》:

规决(2010)第 700 号

违法建设行政处罚决定书

违法建设单位:某市经济发展有限公司公司

地址:东大街与南大街交汇处西北角

责任人:张某某

经查,你单位位于东大街与南大街交汇处西北角的办公楼项目未办理《建设用地规划许可证》,于 2009 年期间擅自施工,总建筑面积 7707 平方米,现已完工,上述行为违反了《中华人民共和国行政许可法》第四十条、第六十四条有关规定,构成违法建设行为。

我局根据《中华人民共和国行政处罚法》第六十四条的有关规定对你单位处以罚款,罚款金额按建设工程造价 700 元/平方米、建筑面积 7707 平方米、总造价的 20%计算,即罚款人民币 1078980 元。

……

如不服本处罚决定,可在接到本处罚决定书之日起 60 日内,向市人民政府或省建设行政主管部门投诉,或在接到本处司决定书之日起 30 日内向人民法院起诉……

(盖章)

二〇一〇年十一月十一日

【问题】

试指出该《违法建设行政处罚决定书》中存在的主要问题。

全国注册城市规划师执业资格考试

《城市规划实务》

参考答案及解析

2012年全国注册城市规划师执业资格考试真题试卷
《城市规划实务》

试题一

【答案】

(1)从区域背景角度,考虑A市在省域城镇体系中所处的地位、相应的发展规模,与B市、C市之间的关系,以及承接省内发达地区、辐射内陆山区的区位特征。

(2)从城市自身发展条件角度,考虑A市作为水陆空交通枢纽、国家历史文化名城的优势。

(3)从城市职能角度,考虑A市在城镇发展组群中分担的职能,A市的部门经济结构及主导产业类型。

试题二

【答案】

(1)用地规模上,规划人均城市建设用地规模偏大,工业用地比重偏大。

(2)用地布局上,工业应位于主导风下风向;城市公共绿地不足;东部城区的化工材料生产有污染,而食品加工对环境要求高,两类工业用地不应布置在一起。

(3)交通组织上,东城区布置大量工业而居住用地少,易造成钟摆型交通和高峰拥堵;中部城区与东部城区间联系道路不足。

试题三

【答案】

(1)道路组织不合理。北侧科技园片区,保留建筑两侧的道路之间距离过小,且与次干道南侧两条南北向道路形成三个连续的错位丁字路口,交通流线复杂。南侧教师住宅片区,小区级道路设计易使外部车流穿越用地。

(2)地块内道路不宜向西侧城市干道开口。大学科技园区及教师住宅区车行道均在干道上开设出入口，影响干道交通功能。

(3)主干道东侧规划 20m 宽绿带不应占用。应采取地面停车与地下停车相结合的形式。

(4)幼儿园不宜临干道布置。公共绿地对住宅区服务性不好。

试题四

【答案】

1. 现状道路网及交通组织的问题：

(1)城市支路网密度低、支路数量少，尤其是南部工业区和东部住宅新区。缺少支路会导致地块可达性降低，人流车流集中在城市主次干道上，干道的交通压力加大。

(2)新国道选线不合理。从地形条件来看新国道以东仍有较大的城市发展空间，新国道走线今后将会分割城区，影响用地交通组织。

(3)新国道在建成区东南部与城市干道相交，形成一个五岔路口，交叉口流线复杂，会影响道路通行能力。道路交叉口交角过小，低于 45 度。

(2)城际铁路车站适宜的位置为选址一。原因是与建成区之间有干道连接，交通联系性好。

试题五

【答案】

(1)未征求该地块的利害关系人的意见。

(2)必要性论证应以书面报告形式提交。

(3)若控规修改涉及总规强制性内容，应首先组织有关部门对总规进行修改。

(4)未对控规修改方案进行公示，听取专家和公众意见。

(5)两周内完成控规修改不符合程序规定时间。

试题六

【答案】

(1)选址应做好的工作：

①应以已编制的城市总体规划和历史文化名城保护专项规划为依据。

②可考虑利用与该重大历史事件有关的历史建筑，通过修缮、改建为博物馆，使博物馆的馆舍建筑与展品内容相契合。或靠近该重大历史事件遗址新建博物馆，使博物馆选址与历史事件发生环境相协调。

③用地应当与博物馆规模相适应。选在交通便利、远离污染、环境良好的地区。

(2)应遵循的原则：真实性、完整性、协调性。能够体现和提升博物馆及城市的历史价值、科学价值、文化价值和文化内涵。

试题七

【答案】

(1)该公司违法行为包括：违反了城市总体规划，改变了城市用地性质；未按照规定程序办理相关手续，擅自加建房屋属违法建设；违反了城乡规划法。

(2)规划行政主管部门应给予如下处理：

①责令该公司停止违法建设并立案调查。

②拆除违法建筑，恢复隔离绿地。

③罚款。

2011 年全国注册城市规划师执业资格考试真题试卷

《城市规划实务》

试题一

【答案】

(1)根据该县的地理区位及地理特征,70%的城镇化率是不切实际的。

(2)镇的规模都一样,太机械,应该结合实际区别对待。

(3)各重点镇之间缺乏必要的交通联系。

(4)部分道路翻越山体是没有必要的,造成浪费。

(5)高速在甲市绕过了北江,增加基础投资,还没必要。

(6)一般镇分布过于均匀,应结合地形,在东部自然条件好的位置适当多一点,不但交通方便,而且有利用接受大城市的辐射。

(7)A 交通不便,不适合做重点镇。C 位于风景名胜区内,也不适合做重点镇。

(8)A 不适合做弄产品加工。丘陵地区的农产品产量不高,原料需要从外地运输,成本高,离中心城市远,市场成问题。

(9)C 在风景区内,不适合做建材,有污染,对景观也有影响,对下游城镇用地也有影响。

(10)E 离甲太近,且位于甲的上游,距离远远小于取水点的防护距离,有污染,不适合做化工。适合做农产品加工,就地取材,离大城市近,销售方便。

试题二

【答案】

(1)城镇规模:①该镇处于水源保护区,一直执行生态移民政策,且是传统农业镇,11 年时间人口从 2800 多增加到 6000,明显不合理。②该镇处于西北地区难得的富水之地,土地资源异常珍贵,所以应该节约用地,人均 $149m^2$ 的用地显然太过浪费,也不符合国家不超过 $140m^2$

的规定。③过境交通不能布置过多商业、工业、居住。

(2)产业发展:产业布局不合理,电解铝属化工产业,对城市污染太大,与旅游城市定位不符。

(3)布局:①工业用地位于上风上水方向,污染严重。②工业与景区太近。③旅游接待用地侵占景区范围。④工业用地临近河岸布置不合理,占据岸线资源。⑤学校与对外交通太近,有干扰。⑥工业用地与其他用地之间没有隔离带。⑦公共设施不集中,应该集中设置公共设施中心。⑧汽车站应在城市边缘。⑨沿河没有绿化带。⑩小规模城镇宜紧凑布局,该镇为两翼发展,不妥。

(4)道路:①路网结构混乱,级别划分不明,系统性太差。②过境交通穿越城市,且对城市开口过多,对城市干扰较大。③过多丁字路口和斜交路口。④小学和医院可达性太差。

(5)市政设施:垃圾填埋场离建成区和水体都太近,且没有绿化隔离带和防护带,污染严重,不符合相关规范要求。缺少给水、污水、雨水、电力、电信、燃气等市政公用设施。

试题三

【答案】

(1)快速路边上不宜有商业,影响交通,也不安全。

(2)东入口离立交桥太近,不符合相关规范要求。

(3)不宜在主干道上设入口。

(4)小区没有人行入口。不符合相关规范要求。

(5)幼儿园的日照间距不够,且没有入口。幼儿园与水系直接相连,不符合相关规范要求。

(6)小学位置太偏,没有田径场,且与西边的停车场出入有干扰,影响安全。

(7)西侧沿支路超过150m的高层应设消防车道,超过80m的应设人形通道。

(8)作为北方的小区,小区路不满足敷设供热管道的要求,不符合相关规定。

(9)西北角的建筑日照不满足相关规范要求。

(10)西南入口距交叉口距离不符合相关规范的要求,且因为正对折线,视线有遮挡,影响安全。

(11)正对丁字路口,影响安全。

(12)建筑整体布局凌乱,不美观,部分建筑通风采光不好。

试题四

【答案】

选方案一。

(1)投资成本:方案一原址高架,比起地面铺设,成本较高,但是不需要拆迁,而方案二则涉及城南城北的部分村镇,拆迁成本远远高于方案一。城市将来需要发展用地的时候,高速公路还得调整,增加了未来投资成本。

(2)新城建设:方案一原址高架后,相当于城市按两个组团发展,相互比较独立,受高速的干扰较小。方案二可以有一个完整的结构,基本不受高速影响。

(3)交通联系:方案一原址改为城市道路,因为方案走向与原有道路顺直,便于组织城市结构,且高速出入口向两侧偏移是合理的选择,符合高速出入口位于城市边缘的要求。方案二四个出入口相隔太近,不利于组织交通。

(4)景观:方案一高速高架影响景观,方案二不影响。

综上所述,虽然方案一对景观影响大,城市形态还受高速影响,但是考虑到开发成本和城市未来的发展,结合城市的实际情况,方案一是比较合理的选择。

试题五

【答案】

1.可以变更规划设计条件。因为:(1)根据相关规范,在建设用地规划许可证发放后,因依法修改城乡规划给被许可人合法权益造成损失的,应当依法给予补偿;(2)本建设项目在原规划用地中提供一处用地作为绿地,属为城市提供公共空间,可以给予容积率奖励,从1.5提高到1.6,只要不影响景观,经利害关系人同意,可以同意。

2.规划局应做如下工作:

(1)先改规划条件:①在剔除的新设立的县级文物保护单位,并留出足够的防护距离后,划定新的范围;②把容积率定为1.6。

(2)要求建设单位根据新的规划条件重新编制修建性详细规划。

(3)举行论证会、听证会,组织专家论证,征求规划地段内利害关系人的意见,确定不影响城市原有山水眺望系统,经利害关系人同意,并向原审批机关提出专题报告,经原审批机关同意后,根据修建性详细规划调整控制性详细规划。

(4)修改后的控制性详细规划,应当依照城乡规划法规定的审批程序报批。

(5)规划局应当及时将依法变更后的规划条件报同级土地主管部门并公示。

(6)建设单位应及时将依法变更后的规划条件报有关人民政府土地主管部门备案。

(7)重新签土地出让合同。

(8)领取新的建设用地规划许可证。(①组织控规修改论证;②征求利害关系人意见;③提出修改控规报告,报原审批机关审核同意;④修改控规,依照法定程序批准;⑤报土地主管部门变更的规划条件,进行公示)。

试题六

【答案】

(1)在城区布置的1~8号地块中,合理安排一个物流园一个农产品交易中心。

(2)线路B较合理,农产品交易中心宜选4号地块。因为离高速出口近,离铁路近,又在火车站的侧方向,对火车站的交通不干扰,该地块位于城市边缘,符合农产品交易市场宜布置在城市边缘的要求。

(3)物流园区宜选8号地块,因为该地块靠近仓储,便于管理对仓储的管理,以及处理相关的商务事务,沿生活岸线,环境优美,适合办公。

试题七

【答案】

(1)还没有办理建设工程规划许可证。

(2)数额太大,需要预先通知相对人是否听证。

(3)写明交罚款地址。

(4)根据的是《城乡规划法》。

(5)罚款的比例不对,应为5%~10%。

(6)应该向人民政府和上一级主管部分提起行政复议,不是上诉。

(7)向法院提起诉讼的时间不对,应为行政复议结束15日之内,或者是行政复议期满15日内。

(8)及时消除影响。

(9)按照法定程序办理建设用地规划许可证和建设工程规划许可证。

(10)逾期不履行本处罚决定,本机关将依法申请人民法院强制执行。

全国注册城市规划师执业资格考试专家押题试卷(一)
《城市规划实务》

试题一

【答案】

(1)城市西南部用地布局不合理。在工业用地中不应布置居民用地(工业用地与居民用地混杂,交叉布置不合理)。

(2)规划用地规模过大,不符合《城市用地分类与规划建设用地标准》,与城市所处的环境导致的用地紧张情况相背,城市布局与土地资源环境不协调(没有解决人地紧张矛盾)。

(3)南湖景区中不应布置工业用地。

(4)北山景区南侧不应放垃圾填埋场,污染环境,影响景观,对科教园区用地环境产生影响。

(5)高速公路两侧商业用地过多。

(6)缺乏城市绿地,绿地规划系统不完善。

试题二

【答案】

(1)小区被城市次干道穿越,不利于小区组织结构完整性,不利于提供安全的居住生活环境。建议将城市次干道向南改道至小区边缘。

(2)小区内部无集中绿地及公共活动空间,虽然在东部有市政绿地,但不能取代小区绿地。建议将小区集中绿地与小区公共活动空间及托幼结合布置在小区中心位置。

(3)托幼用地位置不合理,不要与小学靠近。建议将托幼与中心绿地合设。

(4)小区商业服务用地位置较偏。建议将小区商业服务向西移至与市级公建邻近,以体现经济的集聚作用。

(5)滨江道路，布置高层住宅会阻挡南部住宅的景观视线。建议将低层住宅移至滨江边，将高层住宅移至小区南部。

(6)小区没有核心空间。建议把托幼、集中绿地、公共活动中心共同构成小区核心空间。

(7)小学位置不当，用地规模偏小。建议将小学移至小区东南角，小学入口开设在小区内部道路上，用地规模宜为 1.0～1.5hm^2。

(8)小区南北联系不便。建议小区内组织加强南北向交通联系的道路。

试题三

【答案】

(1)该工程被责令立即停工的具体原因如下：

①擅自改变建筑工程规划许可证内容(擅自改变标准、设计图纸)。

②自行增加层数(扩大面积)。

③擅自增加卫生间，改变建筑使用性质。

④已构成违法建设。

(2)市规划行政主管部门的处理如下：

①拆除第四层墙体和增设的卫生间。

②对地下室依法罚款后补办审批手续。

③对工程主要负责人建议给予行政处分。

试题四

【答案】

(1)规划新建的公建配套设施要满足新建社区的需要，同时对老居住区配套不足部分做适当补充。

(2)确定该小区的出入口，与周围的道路相衔接。

(3)明确地段内需保留的工业建筑。

(4)应在地段北侧留出一定宽度的绿化带，以隔离噪声干扰。

(5)在西侧铁路沿线应按规定设置防护绿化带。

(6)注意小区内建筑形式与环境的要求,并与周边环境相协调。

(7)应明确 $90m^2$ 以下户型(套型)的住宅建筑面积应占住宅建筑总面积的70%以上。

试题五

【答案】

根据《城乡规划法》第三十九条规定:"规划条件未纳入国有土地使用权出让合同的,该国有土地使用权出让合同无效;对未取得建设用地规划许可证的建设单位批准用地的,由县级以上人民政府撤销有关批准文件;占用土地的,应当及时退回;给当事人造成损失的,应当依法给予赔偿"的规定,该房地产开发公司占用100亩土地的行为实际上是违法占地,因此,城乡规划行政主管部门没有批准该公司的建设申请。

试题六

【答案】

该建设工程缺少《建设工程竣工规划验收合格通知书》。

城乡规划行政主管部门应在工程放线阶段进行验灰线,在工程进行到正负零阶段进行验正负零,在结构完工阶段进行审核,在建设工程竣工后进行规划验收。根据《城乡规划法》的要求,建设单位应在建设工程竣工验收后6个月内向城乡规划主管部门报送有关竣工验收资料。未及时报送应受到行政处罚。

试题七

【答案】

(1)受到查处的原因:属于违法建设。具体如下:

①改变用地性质必须获得城市规划行政主管部门的正式批准,口头意见不能代替正式批准。

②该工程须取得城市规划行政主管部门核发的建设工程规划许可证方可建设,建设单位的上级主管部门没有权力批准建设。

(2)根据《城乡规划法》的有关规定,城市规划行政主管部门应作如下处理:

①对违法建设依法处以罚款。

②建议对建设单位的有关责任人员由其单位或其上级主管部门给予行政处分。

③责令限期改正,经处罚后,该建设单位可到城市规划行政主管部门补办有关手续。

全国注册城市规划师执业资格考试专家押题试卷(二)
《城市规划实务》

试题一

【答案】

(1)人均用地指标、人均总指标和工业用地人均指标与工业用地比例不合理。压缩城市工业用地。

(2)人口50万的城市,商业中心分布不合理,可适当增加副中心。三类工业与商业中心太近,有影响。可迁出工业开发区。

(3)沿河布置三类工业不合理,应迁出。城市南部缺乏大面积的绿地。

试题二

【答案】

(1)编组站位置不当。

(2)铁路穿越西组团不合理。

(3)高速公路和省道穿越市北、东组团不合理。

(4)客运码头与火车站、公路客运站布局分散,不利于换乘;各组团交通联系道路不足。

试题三

【答案】

规划部门的审批和查处违法建设的行为存在以下问题:

(1)临时建筑占用了两楼之间消防通道,不符合消防规定。

(2)临时商业建筑不能按照临时建设工程进行审批。

(3)规划监督检查科不是行政执法主体,违法建设行政处罚书由监督检查科盖章是不符合规定的。

(4)较大数额罚款,未告知被处罚单位享有听证等权利。

(5)罚款与收缴罚款必须分离,规划行政主管部门直接收缴罚款是不符合规定的。

(6)该建筑应该拆除,拆除被审批的临建审批者应予赔偿。

试题四

【答案】

(1)环境选址不当。学校选址不应紧邻工业厂区,容易受到污染及噪声等的干扰。

(2)校园内不允许有架空高压线通过。

(3)主要教学楼层数过高,造成使用不便和安全隐患。教学楼一般不宜超过 4 层。

(4)学校的出入口不宜开在城市主干道上,无法避免时,学校门前应留出足够的缓行地带,避免交通事故。

(5)①号教学楼距离城市主干道太近,容易受到噪声干扰。主要教学楼外墙与道路同侧路边距离不应小于 80m。

(6)①、②、③号教学楼之间的距离过小,③号教学楼距离运动场太近。根据学校设计规范要求,教室长边相对或与运动场之间的间距应不小于 25m,以避免噪声干扰。

(7)教学楼与铁路间距不够。主要教学楼用房的外墙与铁路的距离不应小于 300m。

(8)运动场长轴方向不宜东西向布置,易造成眩光,影响使用。

试题五

【答案】

宜选用打通南路道路方案和居住 3 选址方案。理由如下:

(1)打通中路需占用部分基本农田,相比较之下打通南路不存在这个问题。

(2)居住 2 小区所在位置与现状城市之间被铁路分隔,且建立交通联系需穿越山体;居住 1 小区占用基本农田和林地,且距离在建工业区较远;选用居 3 小区对现状坡地稍加改造后有以下好处:

①利用地形结合住宅区附近的东湖,有利于营造优美的居住环境。

②位于城市上风向，空气质量较好。

③东北侧山体自然将工业区和铁路对居住区的影响隔离。

④与工业区联系较方便。

试题六

【答案】

(1)多层住宅与高层住宅的位置不合理。多层住宅应布置在用地北侧滨江地段，高层住宅应布置在用地的南侧。

(2)小学和托幼应分别独立占地，且方案中安排的位置不合理。应布置在靠近规划路一侧，位置居中。

(3)小区商服位置不合理，偏于小区西北角不利于小区居民使用，且配套商服不宜临城市主干路安排。应布置在小区中部。

(4)缺少集中公共绿地，应在小区中部增加。

试题七

【答案】

(1)小学学校在城市主干道另一侧，家长接送学生带来的人车流集散容易影响城市干道交通，也会对学生安全造成影响。

(2)组团出入口开在主干道上，影响交通和安全。

(3)组团出入口距两侧道路交叉口太近且仅有1个出入口。

(4)变电所位置不合理，对环境有影响。

(5)没有停车场地。

(6)商业及公司的机动车出入口不应开在宅前小路(或小区路)上。

(7)以栏杆环绕组团绿地不利于居民使用，居住区围墙到商业和公司的部分未继续延伸，不利于小区安全。

全国注册城市规划师执业资格考试专家押题试卷(三)

《城市规划实务》

试题一

【答案】

(1)小区机动车出入口不应开向城市主干路。

(2)沿城市主干路20m绿化带内不应安排停车场。

(3)东侧12层住宅退绿化带不足5m。

(4)沿城市主干路应独立设置大型设施,不应与住宅相接,超过条件所给的50m限高要求(2栋住宅楼为20层)。

(5)最南侧临城市公园12层住宅,超过3层的规划要求。

试题二

【答案】

(1)车辆出入口离交叉口太近,影响干道交通畅通。

(2)门诊人流出入口设在道路转角处,人流易造成道路拥堵。

(3)办公楼与新建门诊楼,办公室与西侧辅助用房的间距不符合消防规范规定。

(4)停车泊位数量不足。

(5)病房楼靠近干道布置不合理,与停车场关系也不恰当,易受干扰。

试题三

【答案】

布置设施如下:

(1)受到查处的原因如下:

①违反城市总体规划,侵占绿线,居于严重违反城市规划的行为(总体规划需经过省政府

批准)。

②程序不合法,没有办理建设手续(没有办理"一书两证")。

根据《城乡规划法》第三十九条、四十条可认定该建设为违法建设。

(2)省、市规划行政主管部门对这件事的处理如下:

①市规划主管部门应尽快立案调查,责令其停工并退回土地。

②市规划主管部门应将处理结果报告上级省城市规划主管部门。

③省城市规划主管部门应对处理结果跟进。

④建议投资方补办有关手续或另行选址。

试题四

【答案】

(1)①选址A的位置便于出警,但是占用了现状绿地,对周围居民影响较大。

②选址B的位置便于出警,对周围居民影响较小,并且选址位置现状为空地,有利于尽快进行建设。

③选址C的位置便于出警,对居民生活影响比较小,但是建筑形式不符合平房四合院历史文化保护区的规划要求。

(2)考虑到标准消防站的建筑布局形式和要求,应确定于选址方案B的位置进行建设。

试题五

【答案】

(1)A小区:

①组团式结构,共6个组团,每个组团规模适当,能适应管理需要。

②每个组团只设1个出入口,易封闭,有利于安全管理。

③小区内没有设置独立的行人道路,因此没有很好地解决行人交通与机动车交通矛盾。

(2)B小区:

①小区设一条周边式环形路并利用道路外侧停车,各住宅机动车从环路引入。

②行人由 3 个出入口经小区中心绿地步行系统进入各栋住宅，基本实现人车分流。

③可实行小区封闭安全管理。

试题六

【答案】

(1)临时建筑占用了两楼之间空地，不符合消防规定，规划管理部门违反规定审批临建工程，属违法行政行为。

(2)城市监督检查科不足行政执法主体。违法建设行政处罚书由监督检查科盖章是不符合规定的。

(3)较大数额罚款，未告知被处罚单位享有听证等权利。

(4)罚款与收缴罚款必须分离，规划行政主管部门直接收缴罚款是不符合规定的。

(5)该建筑应该拆除，拆除被批准的临建审批者应予以赔偿。

试题七

【答案】

(1)居住用地 H4－03 建筑密度偏高。

(2)街头绿地 H4－01 地块绿地率低于 70％，容积率过高。

(3)H4－04 地块用地性质为公建，建筑面积达 3726m^2，但停车位仅安排 3 辆，停车位过少。

(4)H4－02 建筑控制高度为 45m，H4－03 地块建筑控制高度为 24m，均可建设高层建筑，但两地块建筑后退红线的要求均为 3m，小于高层建筑防火间距。

(5)H4－01 地块西侧机动车开口位置在图例中为“禁止开口路段”，开口位置错误。

(6)道路中心线交叉点与地块上 2 个点的 X、Y 坐标混乱，道路坐标错误。

(7)比例尺为 1∶5000 是不正确的，比例尺应按照编制规范改为 1∶1000～1∶2000。

(8)图签不规范，编制单位、设计人、审核人、设计日期等必须内容均未标出。

(9)规划编制单位应是具有国家认可的设计资质的单位，规划主管部门不能直接编制规划。

全国注册城市规划师执业资格考试专家押题试卷(四)

《城市规划实务》

试题一

【答案】

(1)化工业与重化工业不应分散设置,会造成效率低下和污染源分散的问题,应集中在乙港或丙港设置。

(2)机械制造业设置在机场附近不当,机械工业与机场毗邻难以解决原料和成品的运输问题,因机械制造业需大量货运予以支持,故应与港口和铁路相结合。

(3)6个一般县均设有工业园区不妥,会造成土地利用不集约、基础设施浪费等问题,应结合交通运输线相对集中设置。

(4)河心岛上设工业需架桥,交通不便捷,故不宜设工业,应取消。

(5)甲为渔港,不适合发展化工业,会对该水域造成污染,应取消。

(6)取水厂不应设在河流下游,且河心岛上工业会对水域产生污染,考虑到取水厂对水质的要求,应将取水厂设在河流上游并远离河心岛。

(7)机场货运和货港货运交通不便,应安排铁路予以支持。

(8)未设污水处理厂,应设置在河流下游。

试题二

【答案】

(1)工业用地布局分散,且西侧的工业用地邻近风景区不利于风景区的保护与利用,位置不合理。

(2)二、三类工业用地对环境影响较大,与教育科研用地、公共服务设施用地、居住用地之间缺少必要的隔离带。

(3)公共服务设施主要分布在城市北区，城市南侧和西北侧缺少公共设施用地。

(4)仓储用地布置宜靠近产业用地，规划中仓储用地邻近居住用地不合理，不利于使用，同时也对居住区造成一定影响。

(5)污水处理厂不应布置在城市水系上游，而应布置在城市水系下游。

(6)危险品仓库离居住区过近，而且缺少必要的隔离带，存在安全问题。

(7)快速路穿越市区，将对城市功能和景观造成影响，布局不合理。

(8)道路网没有结合河流布置，不利于城市景观的组织，不合理。

(9)由于飞机的起降有净空要求，而且机场的噪声影响范围也较大，机场距离城市一般在30km左右，规划中机场与城市距离过近，机场端净空应避免穿越市区，机场选址不合理。

试题三

【答案】

(1)在南、北城区尚有空闲建设用地的情况下，不宜跨越高速公路和铁路发展东组团。

(2)南、北城区功能划分不尽合理，会产生上下班的交通问题。

(3)规划布局没有充分考虑火车站的客运功能，主要居住用地远离火车站。

(4)南、北城区之间联系的道路偏少。

(5)度假村A不应该安排在防洪区内。

(6)东组团与南市区的交通联系不便。

试题四

【答案】

(1)新建建筑南侧未满足设置15m绿化带的要求。

(2)不应该占用绿化带布置机动车停车场。

(3)沿街建筑物长度超过150m时，应设消防车道。

(4)高层办公楼与高层公寓之间的间距不符合消防要求。

(5)高层公寓、宾馆裙房距北侧住宅的间距不足。

(6)高层建筑下部全部被裙房包围，应该有部分高层外墙直接垂直落地，并应该有直接对外出入口。

(7)汽车出入口距城市干路交叉口过近。

(8)地下车库出入口位置设置不当，出入不方便。

试题五

【答案】

(1)规划新建的公建配套设施要满足新建社区的需要，同时对老居住区配套不足部分做适当补充。

(2)确定该小区的出入口，与周围的道路相衔接。

(3)明确地段内需保留的工业建筑。

(4)应在地段北侧留出一定宽度的绿化带，以隔离噪声干扰。

(5)在西侧铁路沿线应按规定设置防护绿化带。

(6)注意小区内建筑形式与环境的要求，并与周边环境相协调。

(7)应明确 $90m^2$ 以下户型(套型)的住宅建筑面积应占住宅建筑总面积的70%以上。

试题六

【答案】

该设计方案存在如下问题：

(1)各展馆面积均等，不便于安排各种规模的展会。

(2)会议中心规模过小。

(3)会议中心位置偏于一隅，不便于各展馆使用。

(4)缺乏市政配套设施。

(5)轻轨车站距展馆入口较远，展馆建筑布局不当。

试题七

【答案】

(1)城市规划行政主管部门没有严格按照行政处罚规定的程序作出处罚决定,故败诉。

(2)正确的行政处罚程序如下。

①立案登记:对各类违法建设活动一经发现,就应当及时下达停工通知书,责令停止施工。同时,对违法建设活动进行立案登记,将违法建设活动的项目名称、所在具体位置、建设规模、发现时间、停工通知书的送达时间等记录在案,并采取措施制止违法建设行为。

②作出行政处罚决定:在做好现场勘查记录和对违法当事人的询问笔录,确定违法建设活动对于城市规划的影响后,依法告知当事人进行行政处罚的事实、理由及依据,并及时作出行政处罚决定。当事人依法享有陈述权、申辩权、申请行政复议权、提出行政诉讼权、申请听证权。在作出行政处罚决定时,一定要做到证据确凿,运用法律准确,符合法定程序,防止越权和滥用职权处罚。

③申请强制执行:行政处罚决定作出后,在法定期限内,当事人逾期不申请复议,也不向人民法院起诉,又不履行处罚决定的,城市规划行政主管部门应当申请人民法院强制执行。

全国注册城市规划师执业资格考试专家押题试卷(五)

《城市规划实务》

试题一

【答案】

(1)规划区划定不合理,应将机场、取水口等重大基础设施划入规划区范围。《规划编制办法》第30条第(六)款:根据城市建设、发展和资源管理的需要划定城市规划区。

(2)A港区布置工业园区,污染环境,影响A港区渔业生产,布局不合理。

(3)沿岸(海岸)布置大量E(中华工业园区),工业园区统筹不够,布局过于分散。

(4)岛屿上布置纺织工业,污染水体,影响区域性水厂取水口环境,布局不合理。

(5)铁路与港口C、高速公路与港口B没有很好的联系,使港口运输不便(也可以说港口B、C交通联系不畅,缺少铁路、高速公路等连接)。

(6)机场附近布置建材、机械制造业等,与机场功能不协调。

试题二

【答案】

(1)在出入口附近设停车场,地面与地下停车结合。

(2)步行系统较好。

(3)中心绿带与住宅相连,方便居民使用。

(4)住宅建筑朝向好。

(5)东入口人车有干扰。

(6)西南角和东南角两组住宅建筑的间距不足。

(7)住宅建筑布置较呆板。

试题三

【答案】

(1)建筑限高条件。

(2)拟建地块里新建建筑应考虑对原有建筑的影响。

(3)处理好与城市公园、市级体育设施及城市干路沿线的关系。

(4)结合现状统一规划居住区级道路系统，考虑拟建地块出入口设置和停车设置要求。

(5)按居住区规模要求安排居住区级公共服务配套设施及市政设施。

试题四

【答案】

本案例中的工程性质是违法建设。

根据《城乡规划法》第六十四条规定，该工程未取得建设用地规划许可证和建设工程规划许可证，所以该工程为违法建设。

该工程侵占了文物保护用地，违反了规划法和文物保护法，严重影响城市规划和文物保护，性质十分严重。

按照《城乡规划法》的规定，应对投资者处以罚款，并责成投资者立即拆除违法建筑，恢复地形地貌；同时，建议园林绿化队的上级主管部门追究绿化队的有关责任人的行政责任并给予处分，没收绿化队所收租金，上交国库。

试题五

【答案】

(1)方案一优点：

①充分利用了东部用地条件较好的平原地区，未来发展余地大。

②城市建设重点向东引导，有利于接受发达地区的经济辐射。

方案一缺点：

远离主城区，未能依托已有公共服务设施，加大了新区在基础设施方面的资金投入。

(2)方案二优点：

①较好地利用了主城区基础设施，滨江景观资源充分利用。

②对外交通便捷，利用高速公路与外界联系。

方案二缺点：

①不利于西南部水网湿地保护。

②基础设施跨江建设资金投入大，造成浪费。

试题六

【答案】

(1)小学选址不当，紧靠城市干道，且距铁路线太近。

(2)小学教学楼不应超过4层。

(3)主出入口不宜开向城市干道。

(4)教室长边之间距离不应少于25m。

(5)教室的长边与运动场的间距不应小于25m。

试题七

【答案】

按照《中华人民共和国城乡规划法》第六十五条的规定，该工程在乡、村庄规划区内未依法取得乡村建设规划许可证或者未按照乡村建设规划许可证的规定进行建设，属于违法占地及违法建设。

农村耕地属于集体土地，将其改变为建设用地，必须由建设单位根据发展改革部门批准的立项，报土地行政主管部门进行征地，土地所有权性质由集体土地改变为国有土地后，由城乡规划行政主管部门核发建设用地规划许可证和建设工程规划许可证后方可进行建设。同时该项目的实施主体也应由发展改革部门和土地主管部门确定，不应由村集体决定。占用耕地应按照《土地管理法》的有关规定报请市人民政府审批，乡政府无权审批。

全国注册城市规划师执业资格考试专家押题试卷(六)

《城市规划实务》

试题一

【答案】

(1)小区被城市次干道穿越,不利于组织小区结构完整性,不利于提供安全的居住生活环境。建议将城市次干道向南改道至小区边缘。

(2)小区内部无集中绿地,虽然在东部有市级绿地,但不能取代小区绿地。建议将小区集中绿地与小区公共活动空间及托幼结合布置在小区中心位置。

(3)托儿所用地位置不合理,不要与小学靠近。建议将托儿所与中心绿地合设。

(4)小区商业服务用地位置较偏。建议将小区商业服务向西移至与市级公建邻近,以体现经济的集聚作用。

(5)滨江道路,布置高层住宅会阻挡南部住宅的景观视线。建议将低层住宅移至滨江边,将高层住宅移至小区南部。

(6)小区没有核心空间。建议把托儿所、集中绿地、公共活动中心共同构成小区核心空间。

(7)小学位置不当,用地规模偏小。建议将小学移至小区东南角,小学入口开设在小区内部道路上,用地规模宜为 1.0～1.5hm^2。

(8)小区南北联系不便。建议小区内组织加强南北向交通联系的道路。

试题二

【答案】

不合理之处:

(1)C 市及 B1、B2、B3 产业定位为工业城市,与 A 市在区域城镇群内滨海旅游城市性质的定位不符;B3 城市性质与乙市重叠。

(2)C 市电厂规模过大，且会对海洋动物保护区和红树林造成较大的环境影响。

(3)该市海域较浅不适合建设深水码头；建设深水码头及机场与甲市已有基础设施重复，造成浪费。

(4)规划 L1 的北段穿越山脊，在工程上不合理；L2 等级过高；A 市与甲市、丙市联系不便；L3 穿过红树林保护区及海域生物保护区，对环境造成较大影响。

简要修改意见：

(1)将 C 市定位为依托 A 市及周边区域资源优势，发展滨海旅游业。

(2)B1 定位为滨海旅游城市，B2 定位为海陆联运和交通枢纽，B3 不设置重要产业职能。

(3)L1 北段应向东绕过山体；应以 L2 串联 A 市、甲、丙市即可，L3 道路选线应沿海湾绕行。

(4)取消新建机场及深水码头的计划，应加强区域基础设施协调共享。

试题三

【答案】

(1)优点：

①在出入口附近设停车场，地面与地下停车结合。

②步行系统较好。

③中心绿带与住宅相连，方便居民使用。

④住宅建筑朝向好。

(2)存在的问题：

①小区出入口偏多，尤其是东入口人车有干扰。

②西南角和东南角两组住宅建筑的间距不足。

③住宅建筑布置较呆板。

④商业建筑与小区出入口结合不理想，而且因其不临街，不利于充分发挥其商业价值。

试题四

【答案】

1.可以。根据《城市规划法》第四十三条规定，确实需要变更条件的可以向城市、县人民政府城乡规划主管部门提出申请。

2.规划部门依据法律、法规，做出是否批准的决定。变更规划条件必须履行的程序是：

(1)组织专家进行控规修改论证。

(2)征求地段内利害关系人的意见。

(3)提出控规修改报告，报原批准机关同意。

(4)修改控规，并依据法定程序批准。

(5)向土地部门通报变更后的规划条件，并进行公示。

试题五

【答案】

(1)在南北城区尚有空闲建设用地的情况下，不宜跨越高速公路和铁路发展东组团。

(2)南北城区功能划分不尽合理，增加居民出行距离和形成上下班交通拥挤。

(3)规划布局没有充分考虑火车站的客运功能，主要居住用地远离火车站。

(4)南北城区之间联系的道路偏少。

(5)度假村 A 不应该安排在防洪区内。

(6)东组团与南城区的交通联系不便。

试题六

【答案】

该工程未取得建设用地规划许可证和建设工程规划许可证，属于违法建设。该工程侵占文物保护用地，违反了《城乡规划法》，严重影响城市规划和文物保护，性质十分严重。

处理措施：责成投资者立即拆除违法建筑，恢复地形地貌；对投资者处以罚款；没收绿化队所收租金，上交国库；建议园林绿化队的上级主管部门追究绿化队有关责任人的行政责任并给

予处分。

试题七

【答案】

(1)车辆出入口离交叉口太近,影响干道交通畅通。

(2)门诊人流出入口设在道路转角处,人流易造成道路拥堵。

(3)办公楼与新建门诊楼的间距不符合消防规范规定。

(4)停车泊位数量不足。

(5)病房楼靠近干道布置不合理,与停车场关系也不恰当,易受干扰。

准考证号________________

姓名________________

全国注册城市规划师执业资格考试

《城市规划实务》

专家押题试卷(一)~(六)

重要提示:

1. 考生首先应将姓名、准考证号用签字笔写在试卷册和答题卡的相应位置,并用2B铅笔填涂答题卡的相应位置。

2. 考生应按要求将答案答在答题卡指定位置上,所有答案均不得答在试卷上!

3. 考试结束后,考生务必将本卷册和答题卡一并上交监考人员。

4. 考生应按要求在答题卡上作答。如果不按标准进行填涂或直接答在试卷上,则均属无效作答!

全国注册城市规划师执业资格考试专家押题试卷(一)

《城市规划实务》

试题一(共15分)

某地级市位于山区和沿江平原的结合部，域内“七山二水一分田”，人地矛盾突出，境内交通便利，最近又有一条高速公路建成通车，为该市加快发展创造了一定条件。

中心城区2010年现状人口34万，城市建设用地29.4km^2；规划2020年人口规模为40万，城市建设用地为50km^2。城市发展主要向东西两翼拓展，规划布局方案可见图1。

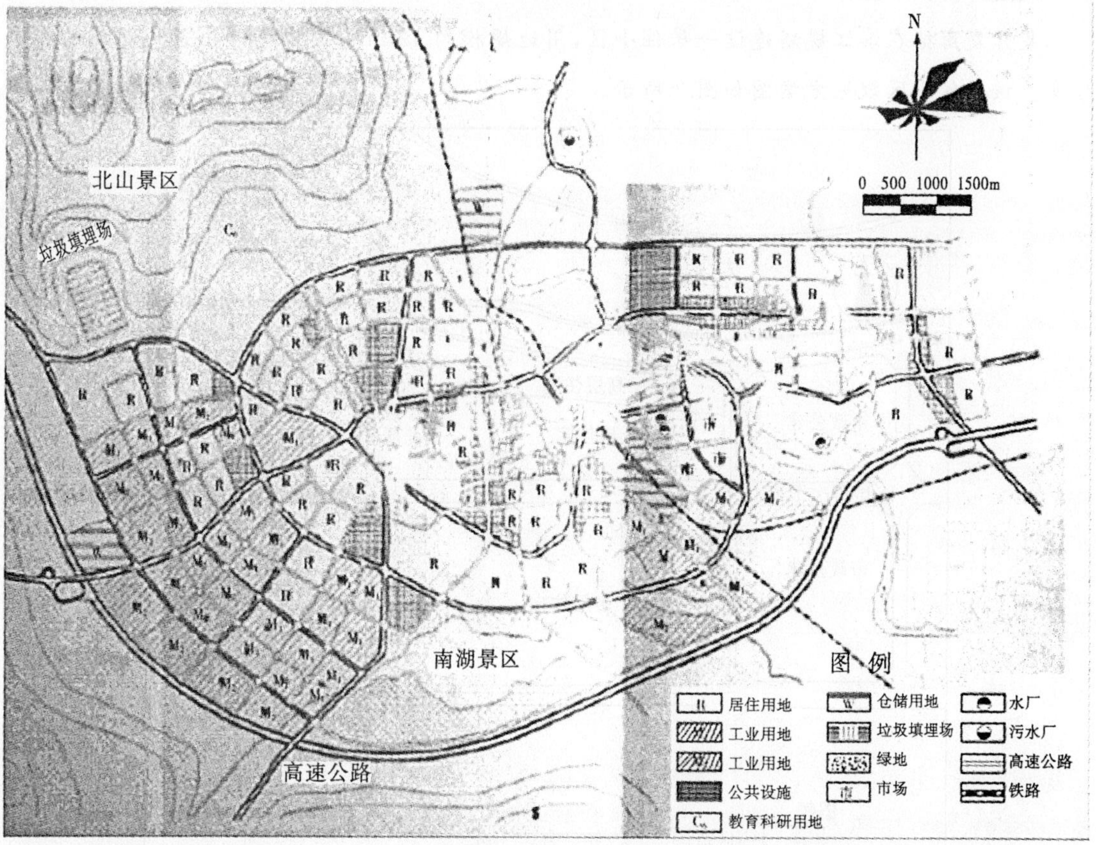

图1　某市总体规划(2010—2020)用地规划方案示意图

【问题】

试指出该市总体规划方案中用地规模和用地布局方面存在的主要问题，并说明理由。

试题二(共10分)

某开发商拟在滨江规划建设一居住小区，用地规模约 $12hm^2$，提出了一个用地功能的布局方案。该居住小区规划方案图如图2所示。

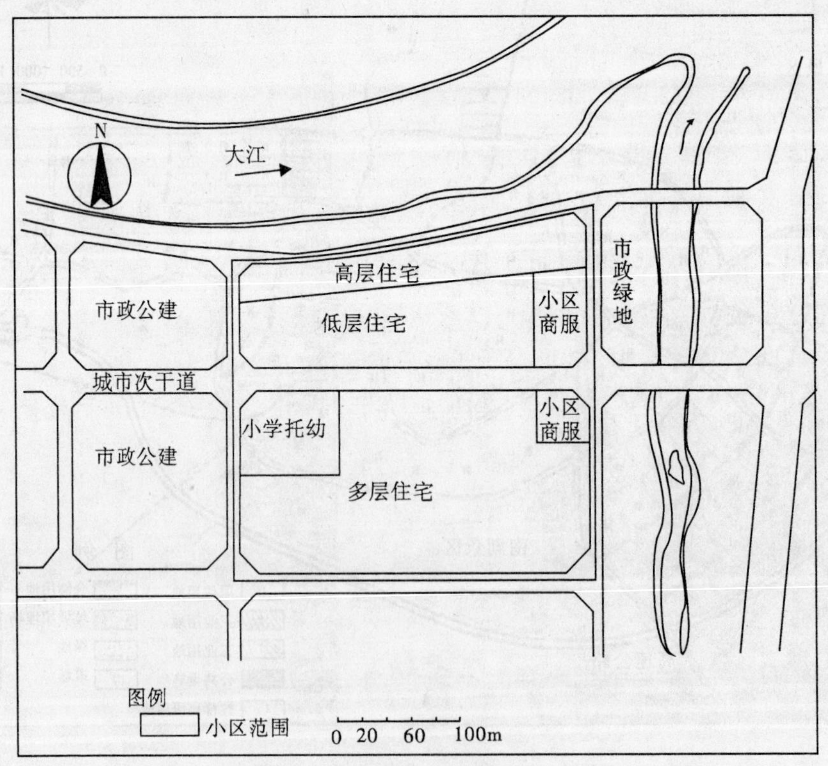

图2 某小区规划示意图

【问题】

试指出该居住小区的规划方案不妥之处。

试题三(共 15 分)

某市新建一占地约 80hm^2 的公园，现已初具规模，市园林行政主管部门为加强该园管理工作，拟在公园总体规划已确定的管理用房位置，向市规划行政主管部门提出要求建设一幢 3 层办公管理用房，经市规划主管部门研究同意该项申请，并核发了建筑工程规划许可证。该工程建设期间，市规划行政主管部门两名执法人员，到现场监督检查时，发现该项工程正在砌四层墙体，有的已砌到了 2m 多高，与此同时，还发现该工程擅自增建了一层地下室，并且还在该楼的每个房间内增设了一个卫生间，为此执法人员当即找到了该工程的主管负责人和单位法人，在核对、查清事实后，发出了停工通知书，责令该工程立即停工，听候处理。

【问题】

该工程被责令立即停工的具体原因是什么？市规划性质主管部门应该如何处理？

试题四(共 15 分)

某市中心区的一个拟改造地段，占地 41.1hm²，现状基本为工业，其中有少量质量完好有历史保留价值的工业厂房，应保护和合理利用；该地段拟按总体规划确定的居住用地要求进行改造。地段北侧为保留的工业用地，现多为机械工业，有噪声干扰；西侧为地方铁路；南侧为已建成十年的居住区，配套公建明显不足。(地段现状详见图 3)

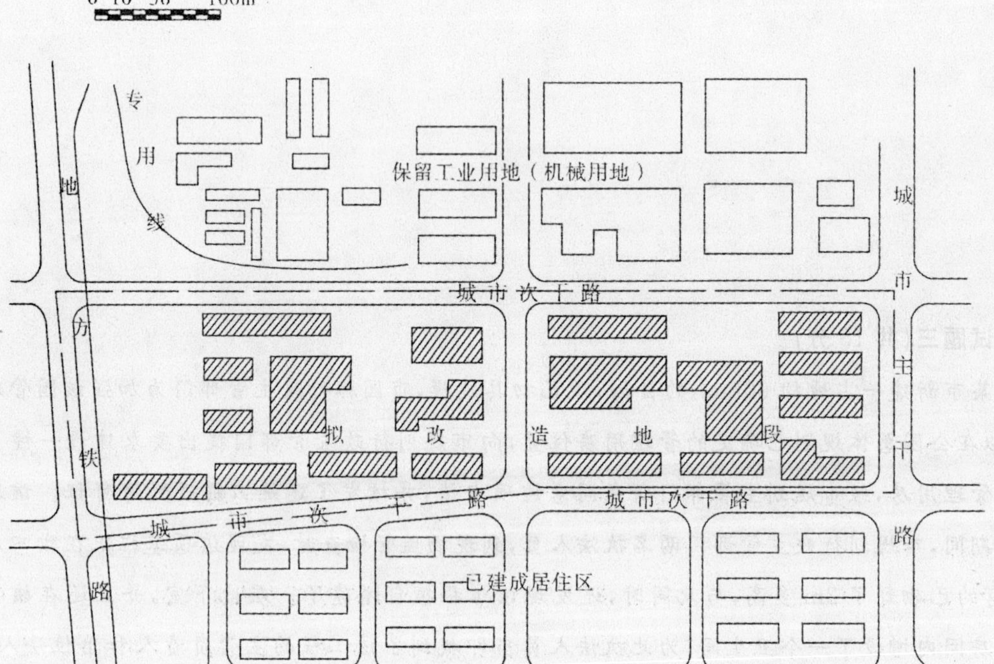

图 3 拟改造地段现状示意图

已给定的规划设计条件是：

(1)用地情况、规划性质、边界条件、规划用地面积。

(2)建筑限高、建筑后退及间距规定。

(3)容积率与建筑密度指标。

(4)小区绿地配置要求。

(5)市政公用设施及道路的配置要求。

(6)地块内应保留的市政设施。

(7)遵守事项：规划设计条件的时限、规划方案编制、报审及建设项目相关手续申报须符合

的有关规范和规定要求。

【问题】

在城市规划行政主管部门已给定的该地段规划设计条件的基础上？补充必要的规划设计条件？

试题五(共 15 分)

某房地产开发公司与某市郊区的某乡政府签订了协议，该乡政府同意将 100 亩规划乡镇企业用地划给该公司使用。国土资源和房屋行政主管部门依据协议为该公司办理了集体土地使用权证，随后，在该公司缴纳了土地出让金后，又为该公司办理了国有土地使用权证。该市在调整城市总体规划时，将这 100 亩土地的使用性质变更为居住用地。该公司向城乡规划行政主管部门申请建设住宅楼，但是，没有得到批准。

【问题】

试分析，城乡规划行政主管部门没有批准的原因。

试题六(共 15 分)

某房地产开发公司拟在市中心建设一栋办公楼,城乡规划行政主管部门经审查同意后为该房地产开发公司办理了有关规划审批手续,并核发了建设用地规划许可证和建设工程规划许可证。该公司随后即开工进行了建设,工程建设过程中城乡规划行政主管部门也没有对工程进行规划核实。办公楼竣工后,该公司到该市房屋行政主管部门办理房屋产权证时,被告知规划验收手续不全,要求补充有关文件。

【问题】

试分析,该建设工程缺少哪些规划核实和验收文件,城乡规划行政主管部门应该如何做。

试题七(共 15 分)

某市一工厂位于市区内,因生产不景气,经总公司批准,同意改建为一座高层宾馆,占地面积 $32000m^2$。总公司在批准时指出,市委、市规划行政主管部门根据规划,经研究并口头同意该厂用地使用性质可以调整。随后该厂便与合作方签订协议,由合作方出资,建成以后各得一半的建筑面积。合作双方的建设方案报总公司批准后,即着手进行建设。正当开始施工时,城市规划行政主管部门查处了该工程,责令立即停工,听候处理。

【问题】

该工程为什么会受到城市规划行政主管部门的查处?城市规划主管部门应如何处置?

全国注册城市规划师执业资格考试专家押题试卷(二)

《城市规划实务》

试题一(共 15 分)

某平原地区城市,2000—2020 年总体规划拟定为以轻型工业和商贸为主的地区中心城市。城市建设用地向南和向东发展。规划 2020 年城市人口规模为 50 万。城市建设用地为 $62km^2$(包括工业开发区在内,不包括城市发展备用地。工业开发区原定用地范围为 $16km^2$,5 年来已建成约 $1.5km^2$,另有约 $2.5km^2$ 已投入基础设施)。该总体规划方案(如图 1 所示)经评审认为:城市性质、人口规模、城市建设用地发展方向、路网骨架基本合理;但对城市建设用地规模、城市商业中心和城市环境提出了重要修改意见。

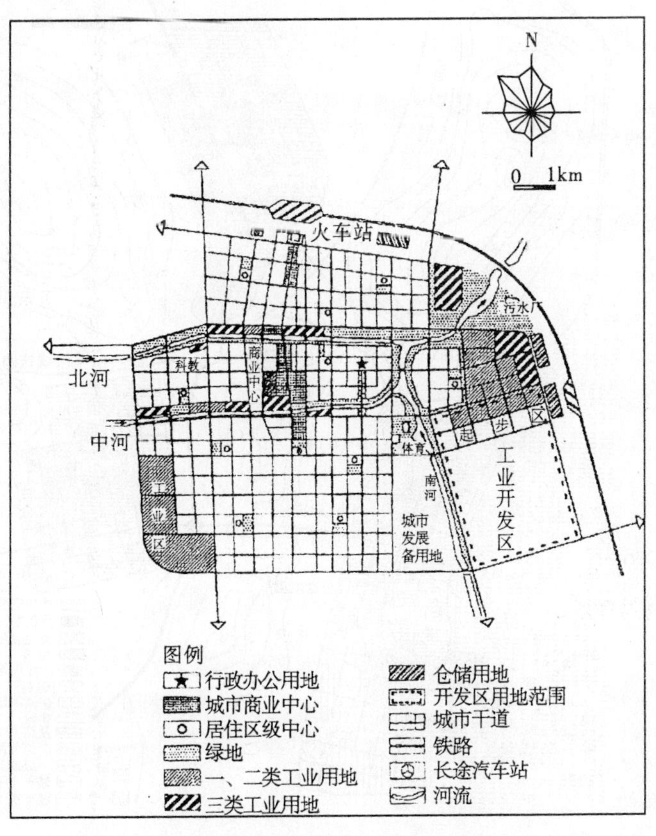

图 1 某市城市总体规划(2000—2020)

【问题】

你认为上述三个方面存在的最主要问题是什么？请提出相应的主要调整措施。

试题二(共 10 分)

图 2 所示为一组团式布局的港口城市总体规划方案示意图。该城市规划人口规模为 65 万。港口所在组团为西区(省道以南为新发展区),东、北两个组团为新建区。有两条省道与该城市联系,其中一条为过境高速公路,另一条省道系以该城市为起讫点的一级公路,通往省内其他地区。

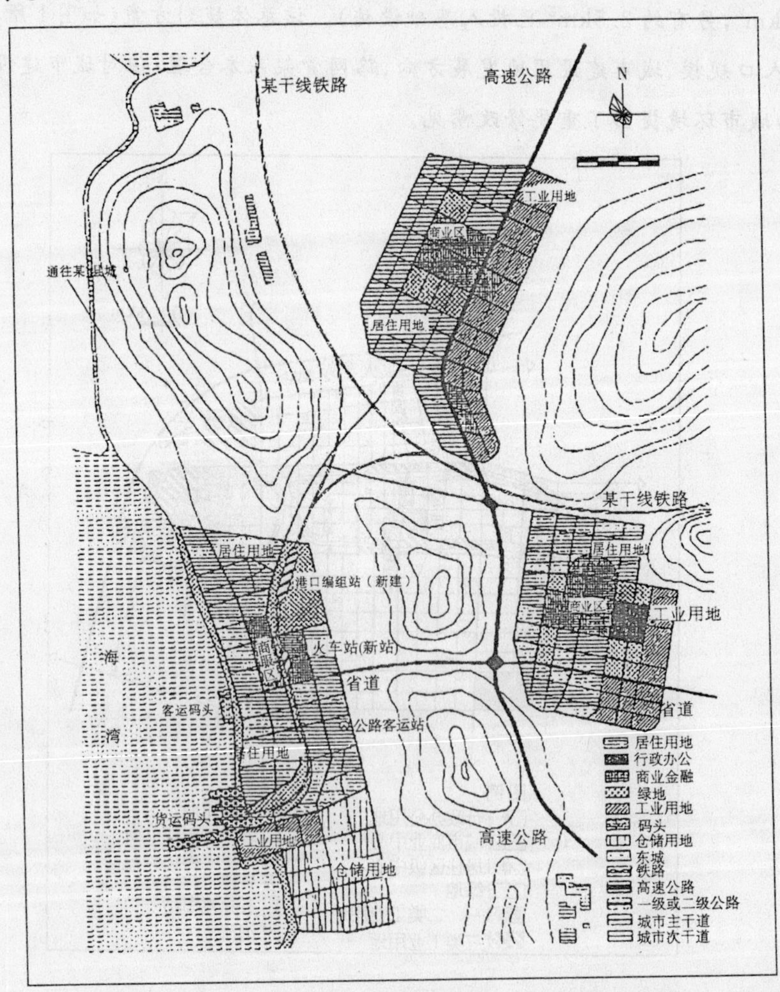

图 2　某组团式布局的港口城市总体规划方案示意图

【问题】

就该城市总体规划方案示意图评析其铁路、公路及组团间联系通道等主要交通设施布局存在的问题。

试题三(共 15 分)

某单位在市中心区有一片多层住宅楼。其中有两栋(每栋各 6 个单元门)住宅楼是临城市干路的。经城乡规划行政主管部门批准,占用了上述两栋住宅楼之间的消防通道,建设一栋两层轻体结构的临时商业建筑,使用期为 2 年。在建设期间,规划监督检查科的两名执法人员到现场监督检查时发现建设单位擅自加建了第三层,且结构部分已完成。为此,依法立案查处。随后,经科务会议研究决定,对该违法建设处以数 10 万元罚款,并决定加建的第三层与临时建筑到期时一并拆除,同时,要求该单位在 15 日内到市城乡规划行政主管部门缴纳罚款。违法建设行政处罚决定书加盖监督检查科公章后,立即送达违法建设单位。

【问题】

试就上述审批临建工程和处理违法建设的行政行为,评析哪些是不符合现行有关规定的。

试题四(共 15 分)

图 3 所示为某城市一所中学的设计方案示意图。

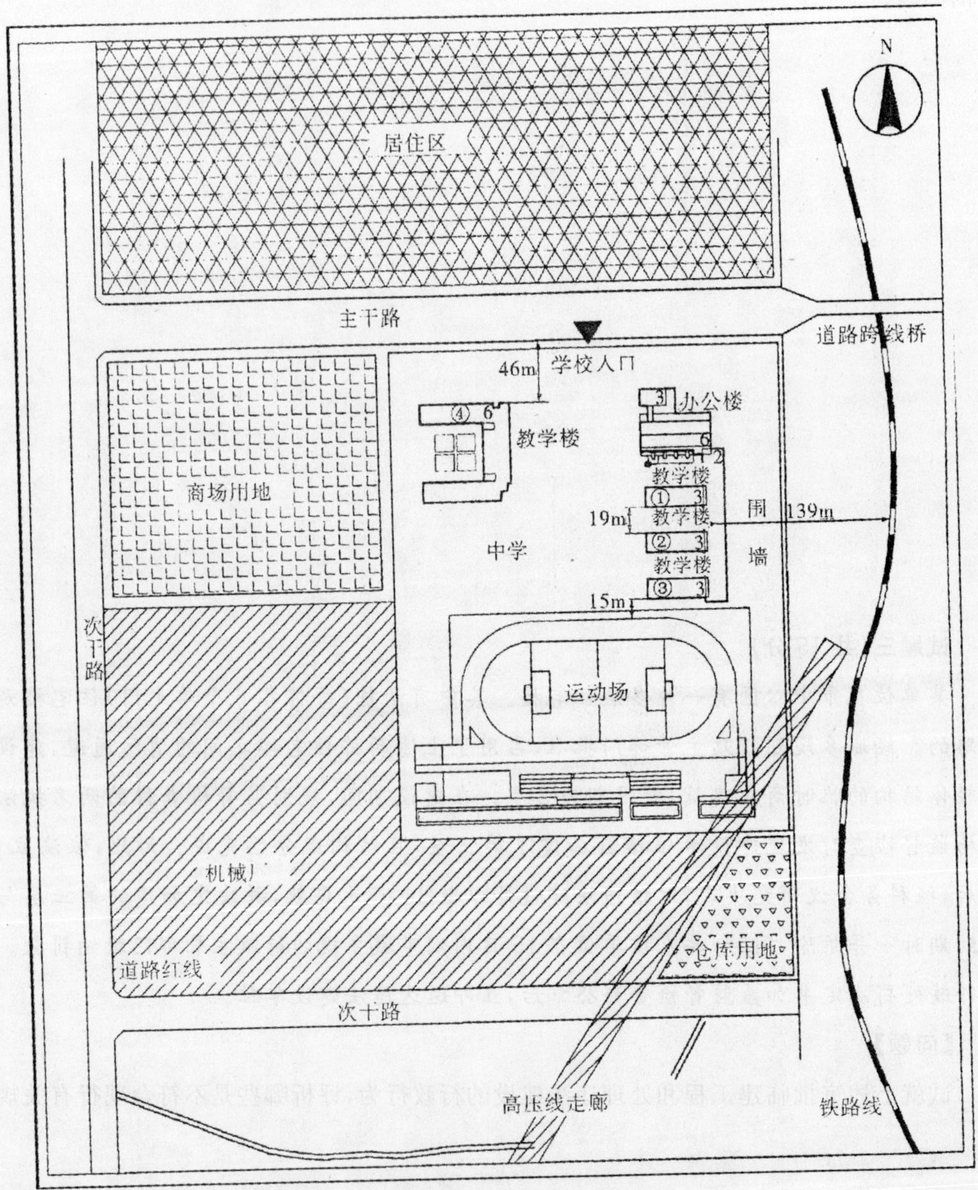

图 3　某城市某所中学规划设计方案示意图

【问题】

请指出学校选址及总平面设计中存在的主要问题。

试题五(共 15 分)

某城市位于丘陵地带,背山面水。图 4 所示桥一(A1)为现状桥梁,桥二(A2)为在建项目,城市政府已批准工业新区近期开发建设,并已批准修北路(L1)。

目前,政府为启动新区,准备开发集中居住用地,打通有关道路。现有居住 1(B1)、居住 2(B2)、居住 3(B3)三处选址方案,另有打通中路(L2)和南路(L3)的两种方案。

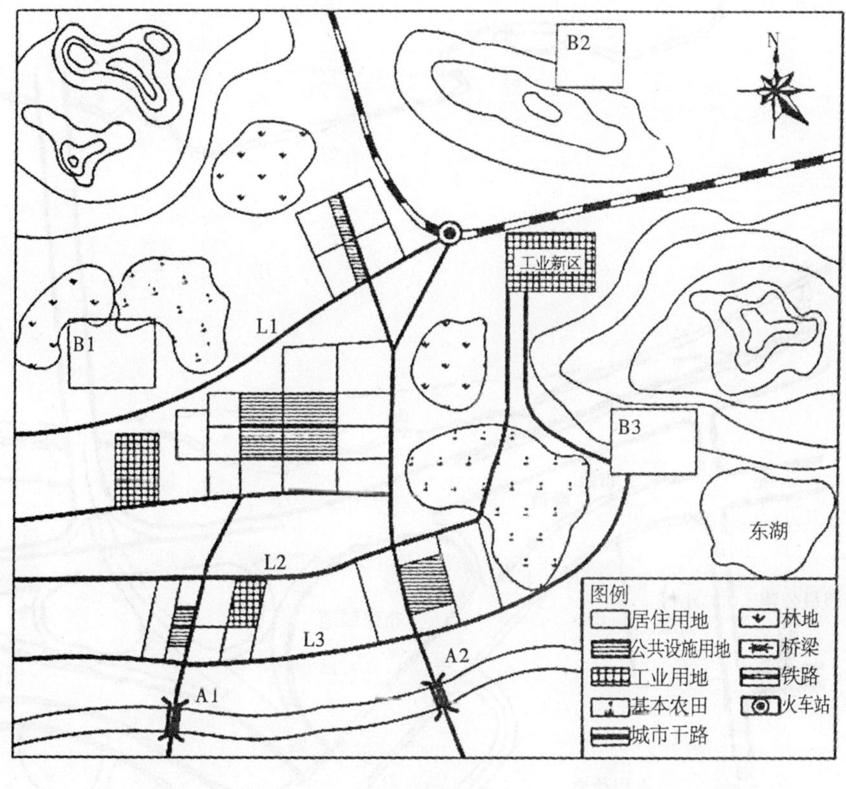

图 4

【问题】

请从土地利用、地形条件、居住环境、建设条件等方面分析,确定居住用地和打通道路的最佳组合,并说明理由。

试题六(共 15 分)

某房地产开发商拟在滨河地段规划建设一居住小区,用地面积约 $18hm^2$,提出了一个用地布局初步设想,如图 5 所示。

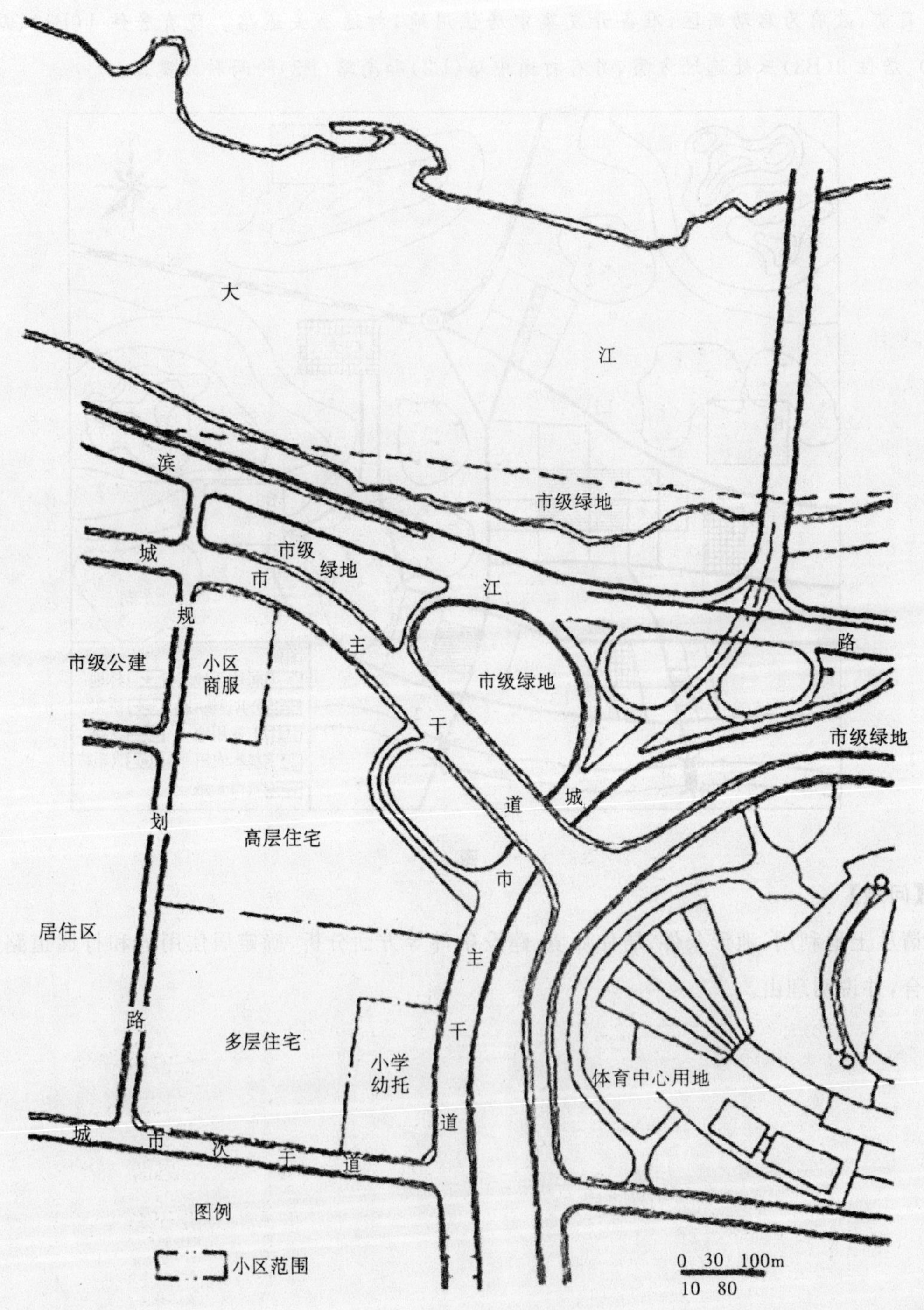

图 5 某滨河小区用地布局示意图

【问题】

试指出该用地设想中主要用地功能及布局存在的问题，并提出修改完善意见(不必作图)。

试题七(共15分)

某居住组团已建成入住，现状示意图如图6所示。

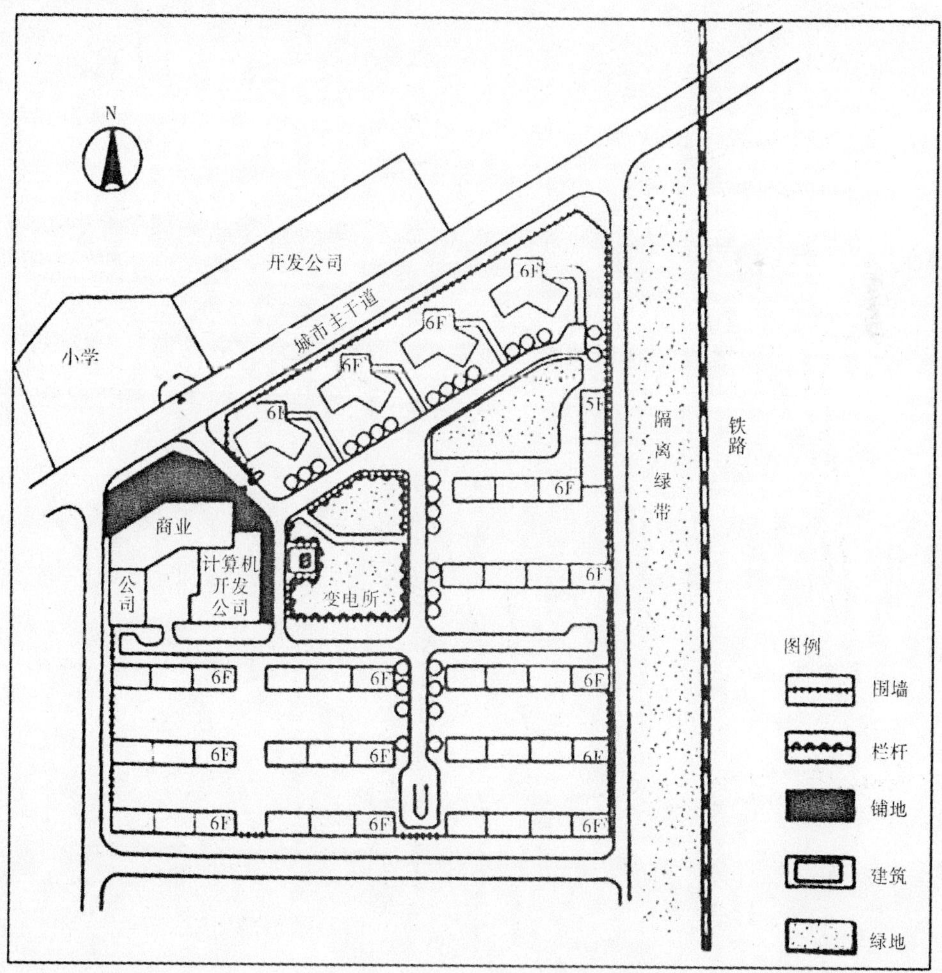

图6 某居住组团现状示意图

【问题】

请指出该居住组团规划在环境、交通及安全方面存在的主要问题。

全国注册城市规划师执业资格考试专家押题试卷(三)

《城市规划实务》

试题一(共 15 分)

某房地产开发公司通过土地拍卖,购得图 1 所示的一宗商住开发建设用地的土地使用权。总用地面积为 7.25hm²。其规划设计条件除按有关规范规定要求外,还提出以下规划要求:

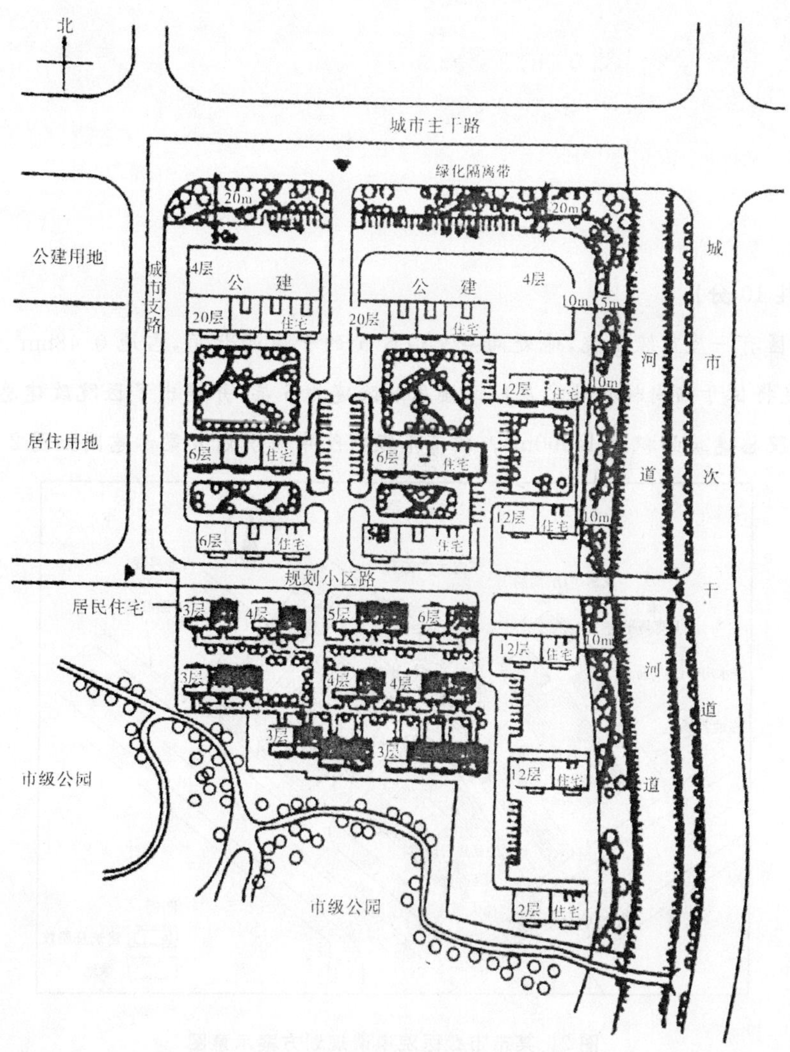

图 1　某开发建设用地总平面示意图

沿城市主干路必须设置20m宽绿化带，且拟建建筑退绿化带应不小于10m；河道西侧规划设置15m宽的绿化带，拟建建筑退绿化带应不小于5m；高层住宅建筑高度不应超过50m；沿公园30m范围内建筑高度不应超过3层；沿城市主干路应独立设置大型公建设施。

【问题】

对图示方案进行审核，提出存在的问题。

试题二(共10分)

某市中心区有一座市级医院，地处两条交通繁忙的干道西北角，占地0.48hm²。医院为改善门诊设施，决定将位于临街转角处2层门诊楼原地改建为6层，并提出了医院改建总平面方案图。改建之后的全院总建筑面积为14000m²。该市市级医院申请规划方案示意图如图2所示。

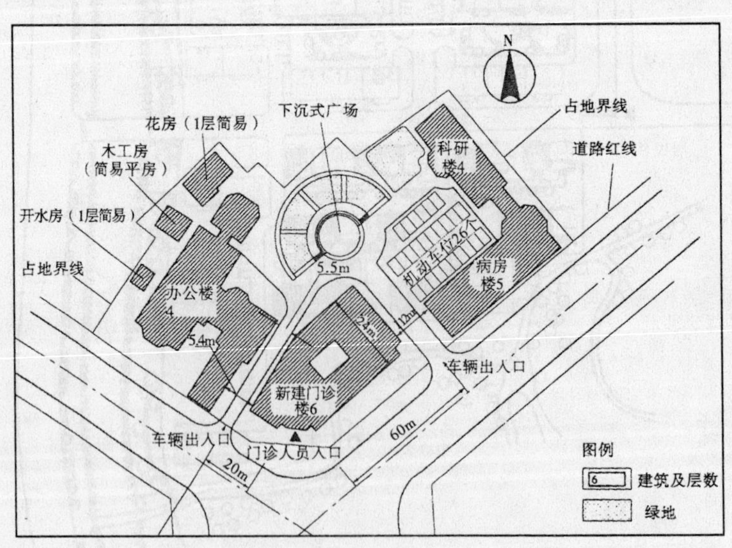

图2 某市市级医院申请规划方案示意图

【问题】

试分析这个规划在总平面布置、交通组织、安全防火等方面主要存在什么问题。

(提示:①该市医院建筑的规定停车泊位,可按每 100m^2 停泊 5 辆汽车计算;②不涉及建筑高度、体型、容积率、后退红线等其他问题。)

试题三(共 15 分)

某市有一项引资宾馆工程,有关领导部门特别重视该项建设。投资方坚持要占用该市总体规划中心地区的一块规划绿地。有关领导自引资开始至选址、设计方案均迁就投资方要求。市城市规划行政主管部门曾提出过不同意见,建议另行选址,但未被采纳,也未坚持。之后,投资方依据设计方案擅自开工,市城市规划行政主管部门未予以制止。省城市规划行政主管部门在监督检查中发现此事,立即责令市城市规划行政主管部门依法查处此违法建设活动。

【问题】

该工程为什么受到查处?省、市城市规划行政主管部门应如何处理这件事?

试题四(共 15 分)

某市为加强消防安全,准备在城市中心选址安排一个标准消防站,目前有 A、B、C 三个选址方案(如图 3 所示)。

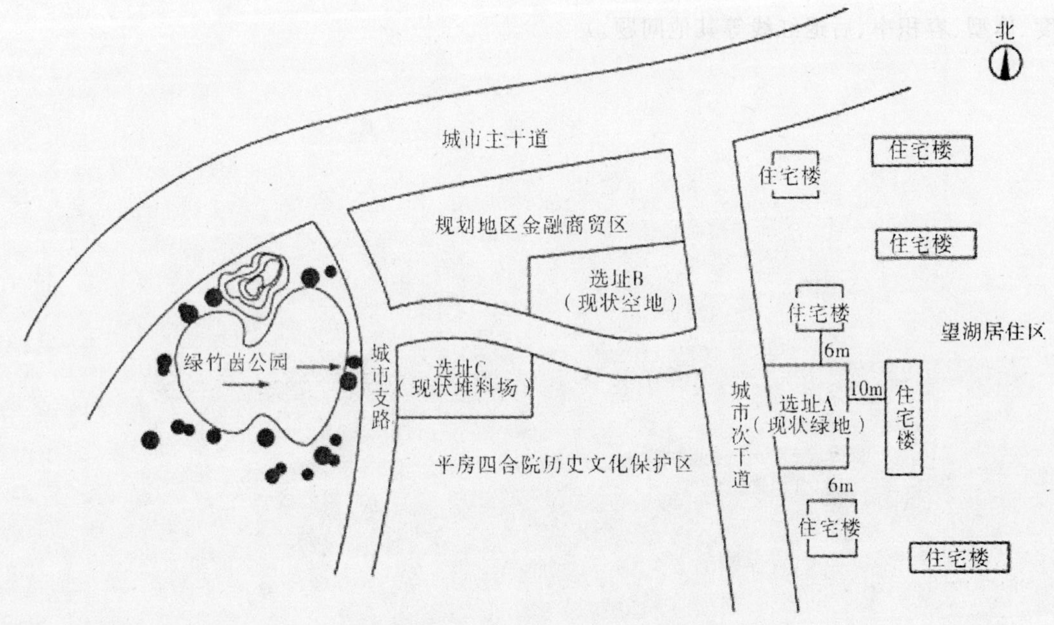

图 3　某市消防站选址示意图

【问题】

试对这三个选址方案进行分析,并确定选址方案(不需要考虑用地规模的问题)。

试题五(共 15 分)

图 4—1、4—2 所示为 A、B 两个小区规划方案。A 小区用地面积 $21hm^2$,可住居民 2430 户。B 小区用地面积 $23.5hm^2$,可住居民 2850 户。除 B 小区有 2 栋高层住宅外,其余均为 5～6 层住宅。小区内公共服务设施配套齐全。

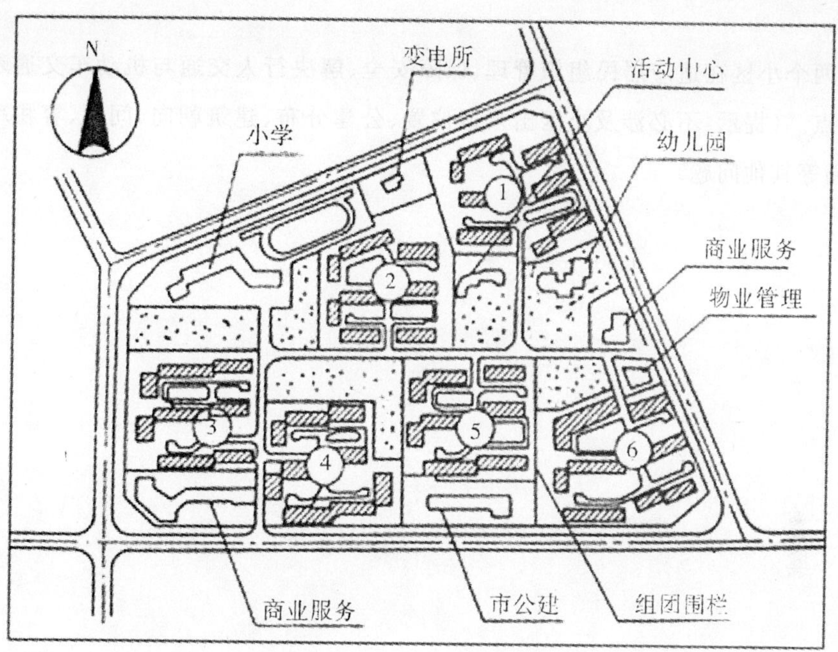

图 4—1 小区 A 规划方案

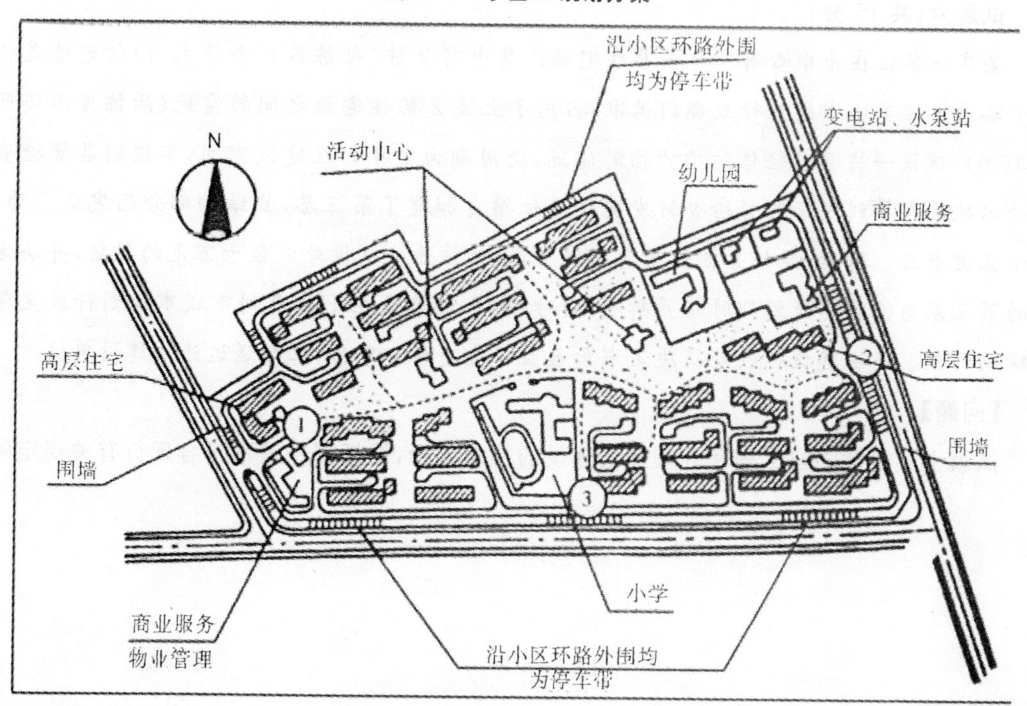

图 4—2 小区 B 规划方案

【问题】

试指出两个小区在适应居民组织管理、保障安全、解决行人交通与机动车交通矛盾等方面各有什么特点。(提示:不必涉及小区出入口位置、公建分布、建筑朝向、间距、容积率、密度、层数、绿地布局等其他问题)

试题六(共 15 分)

某市一单位在市中心有一片多层住宅楼。其中有 2 栋(每栋各 6 个单元门)住宅楼是临城市干路的。经市城市规划行政部门批准,占用了上述 2 栋住宅楼之间的空地(两栋楼山墙间距为 16m),建设一栋 2 层轻体结构的临时建筑,使用期为 2 年。在建设期间,市规划监督检查科的两名执法人员到现场监督检查时发现该单位擅自加建了第三层,且结构部分已完成。为此,依法立案查处。随后,经科务会议紧急研究决定:对该违法建设处以数十万元的罚款,并决定加建的第三层与临时建筑到期时一并拆除,同时,要求该单位在 15d 内到市城市规划行政主管部门缴纳罚款。违法建设行政处罚决定书加盖监督检查科公章后,立即送达违法建设单位。

【问题】

试就上述审批临建工程和处理违法建设的行政行为,评析哪些是不符合现行有关规定的。

试题七(共 15 分)

以下为××市城乡建设局做出的某地块规划图(图 5)。

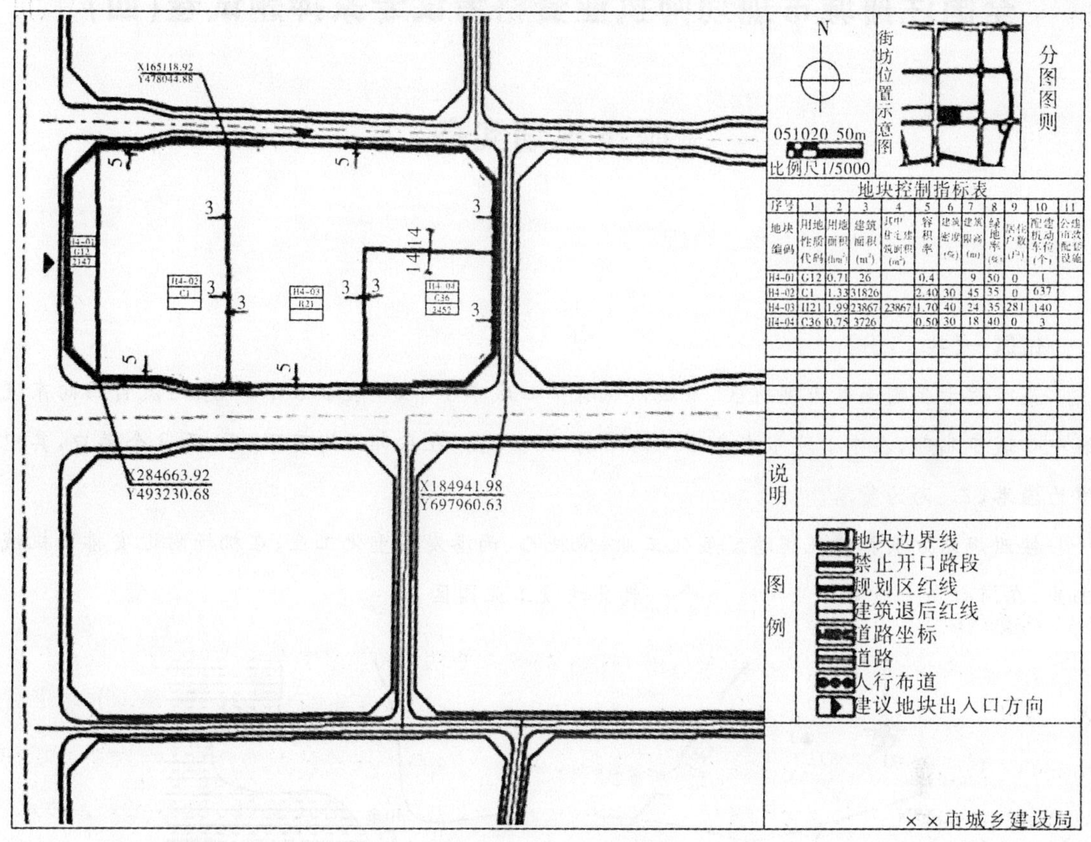

地块控制指标表

序号	1	2	3	4	5	6	7	8	9	10	11
地块编码	用地性质代码	用地面积(hm²)	建筑面积(m²)	其中住宅建筑面积(m²)	容积率	建筑密度(%)	建筑限高(m)	绿地率(%)	居住户数(户)	配建机动车位(个)	公建市政配套设施
H4-01	G12	0.71	26		0.4		9	50	0	1	
H4-02	C1	1.33	31826		2.40	30	45	35	0	637	
H4-03	H21	1.99	23867	23867	1.70	40	24	35	281	140	
H4-04	C36	0.75	3726		0.50	30	18	40	0	3	

图 5　某地块规划示意图

【问题】

请根据规划知识,指出以上图中存在的问题。

全国注册城市规划师执业资格考试专家押题试卷(四)

《城市规划实务》

试题一(共 15 分)

某市位于我国南部沿海地区,市域内现有中心城市 1 个,一般县 6 个,一条河流自西向东流经中心城市北部,在中心城市东北方向河中有一河心岛,在东部沿海有甲、乙、丙 3 个港口,其中甲为渔港,乙、丙为货港。

按照规划方案拟依托甲港发展化工业,依托乙、丙港发展重化工业;在机场附近安排了机械工业,在河心岛上设有工业用地,6 个一般县均设工业园区。

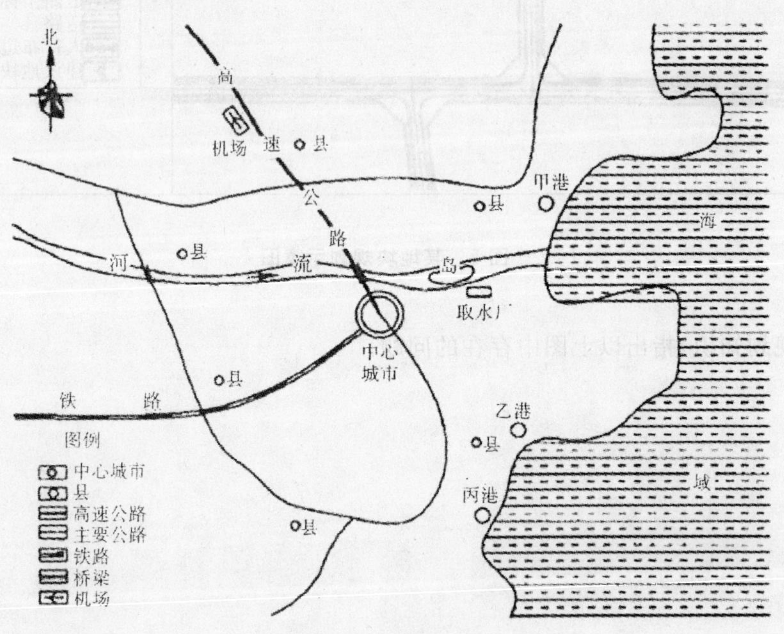

图 1　某市规划示意图

【问题】

根据以上说明及规划示意图(图 1),请指出该市在产业布局、生态环境、基础设施选址及交通方面存在的问题说明理由并提出改进意见。

试题二(共 10 分)

图 2 所示为某城市 2000～2020 年总体规划。该市为南方一座中等城市，规划人口 35 万。城市西侧为由山和湖组成的省级风景区，一条省道沿南北向经过该市。

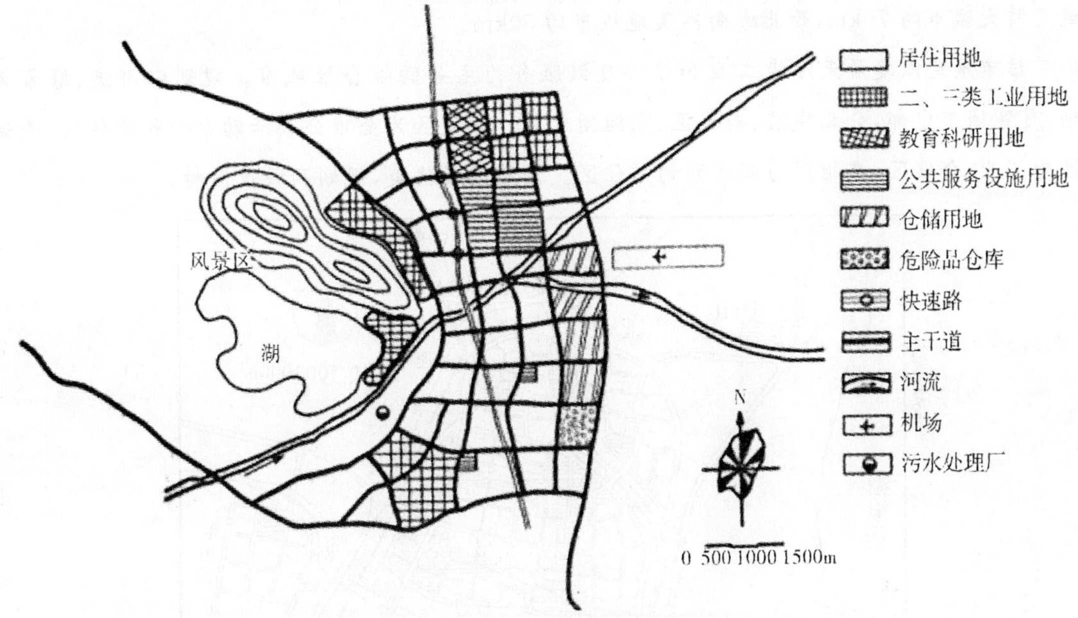

图 2　某市城市总体规划(用地布局)

【问题】

请指出城市布局和交通方面的主要问题。

试题三(共 15 分)

图 3 所示为人口 25 万的某城市主城区总体规划示意图。

该市的东、南有高速公路和铁路,南部设有客货兼营火车站一座,西边为一湖泊,东南方向离某特大城市约 70km,西北方向离某地级市约 50km。

该市确定以发展无污染工业和旅游度假服务为主导的综合性城市。规划以河流、绿带为轴,贯穿城市中部,分北城区、南城区、东组团 3 片。北城区为全市公共活动中心和居住区,南城区为工业、仓储区,东组团为新规划的居住区。沿湖风景优美,规划两种度假村。

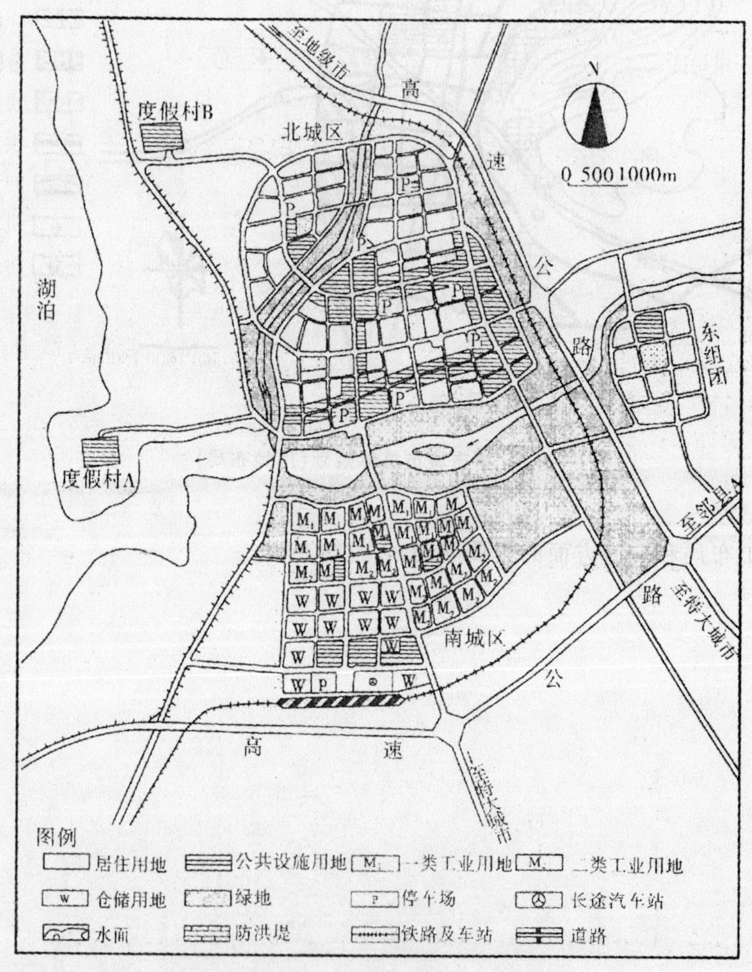

图 3 某城市主城区总体规划示意图

【问题】

请指出该总体规划布局的主要不当之处并说明理由。

试题四(共15分)

某北方城市拟在市中心地段新建一集公寓、办公、宾馆、商业为一体的综合性建筑。用地朝向为南偏东13°,用地情况为:东侧为城市支路,道路红线宽度为20m,退红线设10m宽绿带;南侧为城市次干道,道路红线宽度为30m,退红线设15m宽绿带;北侧为现状居民住区,全部为6层砖混住宅;西侧为现状某办公楼。

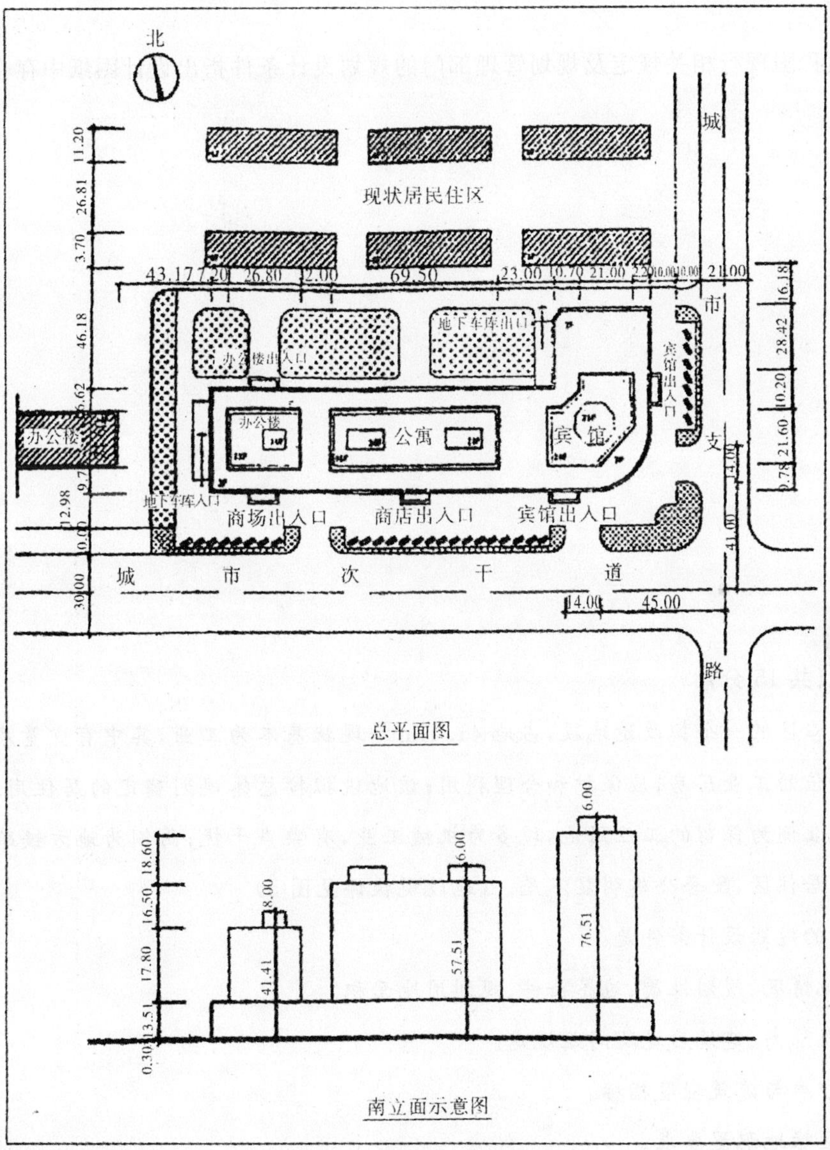

总平面图

南立面示意图

图3　某建筑设计图纸

城市规划部门提供的规划设计条件如下:

(1)低层、多层建筑退绿线不少于5m。

(2)高层建筑退绿线不少于15m。

(3)建筑限高 100m。

(4)绿地率不少于 15%。

(5)停车车位:按照规范要求。

(6)日照要求:板式建筑间距系数为 1.61,塔式建筑间距为遮挡面面宽的 1.2 倍。

设计要求提供的图纸如图 4 所示。

【问题】

请按照我国现行相关规定及规划管理部门的规划设计条件指出设计图纸中存在的问题。

试题五(共 15 分)

某市中心区的一个拟改造地段,占地 41.1hm^2,现状基本为工业,其中有少量质量完好、有历史保留价值的工业厂房,应保护和合理利用;该地段拟按总体规划确定的居住用地要求进行改造。地段北侧为保留的工业用地,现多为机械工业,有噪声干扰;西侧为地方铁路;南侧为已建成十年的居住区,配套公建明显不足。(地段现状详见图 5)

已给定的规划设计条件是:

(1)用地情况、规划性质、边界条件、规划用地面积。

(2)建筑限高、建筑后退及间距规定。

(3)容积率与建筑密度指标。

(4)小区绿地配置要求。

(5)市政公用设施及道路的配置要求。

(6)地块内应保留的市政设施。

(7)遵守事项:规划设计条件的时限、规划方案编制、报审及建设项目相关手续申报须符合的有关规范和规定要求。

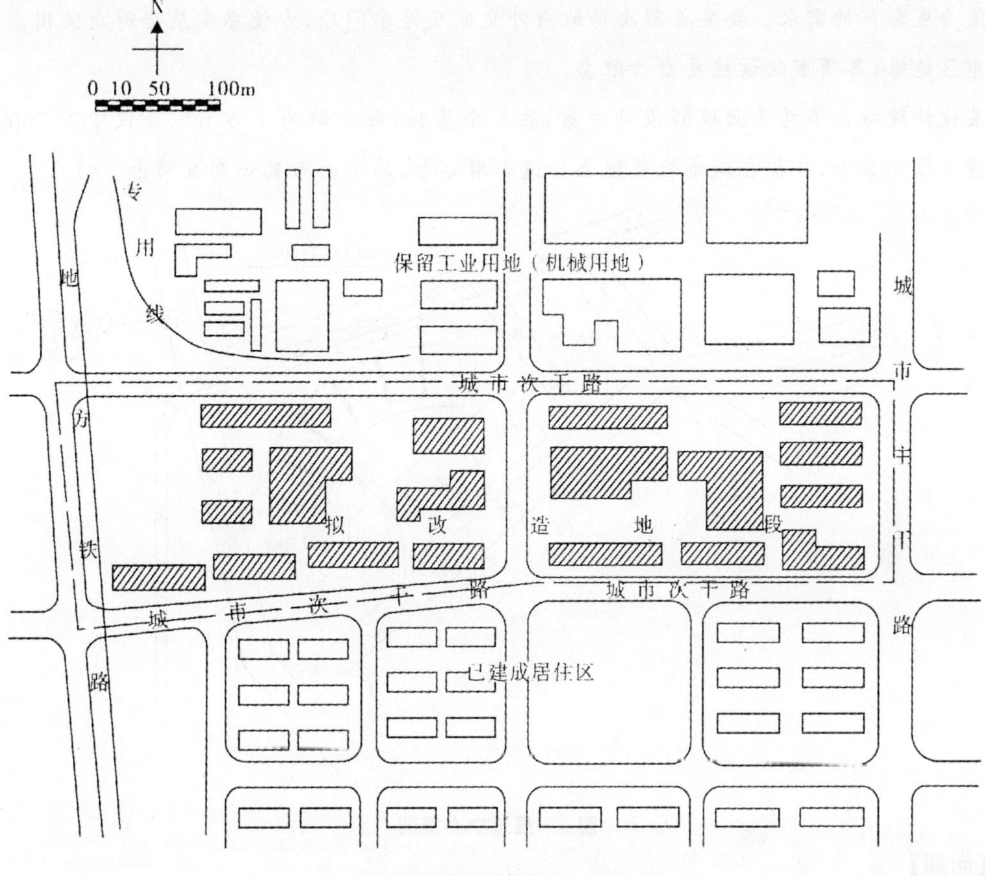

图 5　拟改造地段现状示意图

【问题】

在城市规划行政主管部门已给定的该地段规划设计条件的基础上，补充必要的规划设计条件。

试题六(共 15 分)

某大城市拟在城市边缘地区新建一座大型综合展览中心，要求展览建筑规模 6 万 m^2，展馆要适合举办各类展览的需要。同时配建相应规模的会议中心(建筑规模不小于展馆面积的1/3)

以方便办展客户的需求。要妥善解决场地内外交通及停车问题，方便参观展会群众使用。由于地处市区边缘，各项市政设施要自行配套。

某设计院做出了总平面规划设计方案，共 6 个展馆，每个均为 1 万 m^2，会议中心 $5000m^2$，室外停车位 400 个，并拟在城市轻轨线上加设专用站台，总平面布置如图 6 所示。

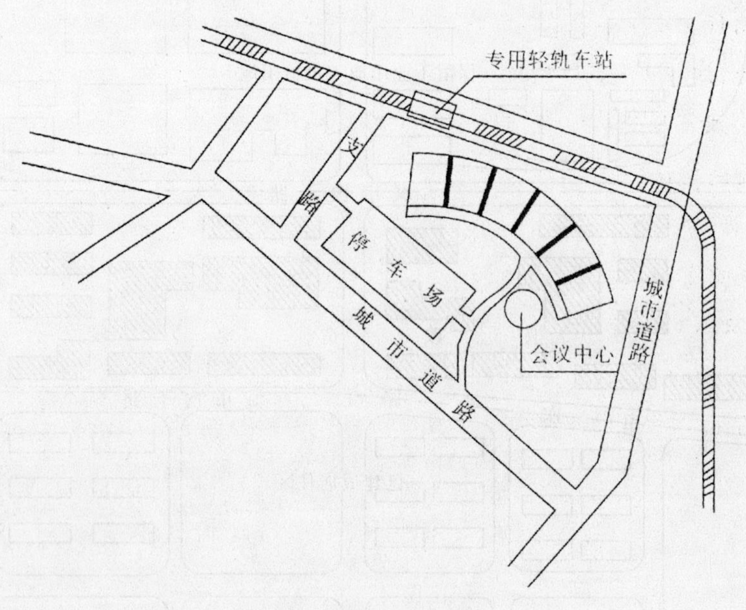

图 6　展览中心简图

【问题】

请根据规划要求对总平面布置提出审查意见。

试题七(共15分)

某市城市规划区的东南部,按照批准的总体规划方案,有一块约60hm^2的城市规划绿地。某科研单位与当地村委会签订协议,在规划绿地内(现为耕地)占用3hm^2土地建设住宅,补偿费用1000万元。一年后建成多层住宅5栋,建筑面积25000m^2。该科研单位在分房过程中,有职工向城市规划行政主管部门举报该科研单位领导搞违法建设,要求查处。经查处后,城市规划执法人员认为,该科研单位和村委会对农村集体土地进行变相买卖,违法侵占耕地,同时也未报城市规划行政主管部门审批,没有办理建设用地规划许可证和建设工程规划许可证,即强行占地、建设,属违法建设,且侵占规划绿地,严重影响城市规划,违法事实清楚,不用再找当事人调查。于是,根据《城市规划法》第四十条规定,对违法建设作出予以没收的行政处罚决定,并经部门领导批准发出了行政处罚决定书。送达后,科研单位不服行政处罚,向人民法院提出诉讼,经法院审理,判决城市规划行政主管部门败诉。

【问题】

城市规划行政主管部门败诉的原因是什么?城市规划行政主管部门应当如何正确处理此案?

全国注册城市规划师执业资格考试专家押题试卷(五)

《城市规划实务》

试题一(共15分)

某市域城镇体系规划。M为中心城市,C为以煤炭、大宗散货为主的港口(5～10万吨级),B为10～20万吨泊位的港口,以集装箱为主。A为渔业港区,E为临港中华工业园区,D为机场附近布置的以建材机械制造为主的工业园区,N为区域水厂取水口。在岛屿上布置了一个纺织工业园区。其中,机场、取水口等重大基础设施不在规划区划定范围内。

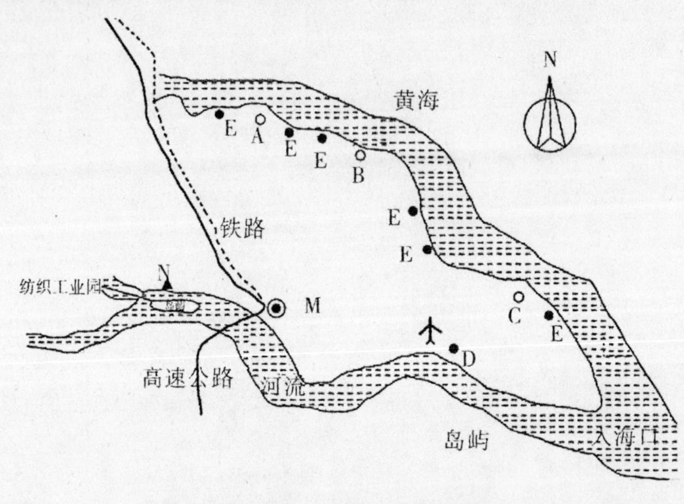

图1　某市域城镇体系规划示意图

【问题】

试说明该项目在产业布局、规划区划定、交通、环境等方面存在的问题。

试题二(共 10 分)

图 2 所示为某市一个居住组团规划方案，规划用地 9 万平方米，规划住宅户数 800 户，人口约 3000。该地块西、北临城市次干路，东、南两侧为支路，在地块外西南角为现状行政办公用地。根据当地规划条件要求，住宅建设均为 5 层，层高 2.8m，日照间距系数不小于 1.4。该规划方案布置出入口安排地面和地下停车场，并有市政工程和环卫设施配套。

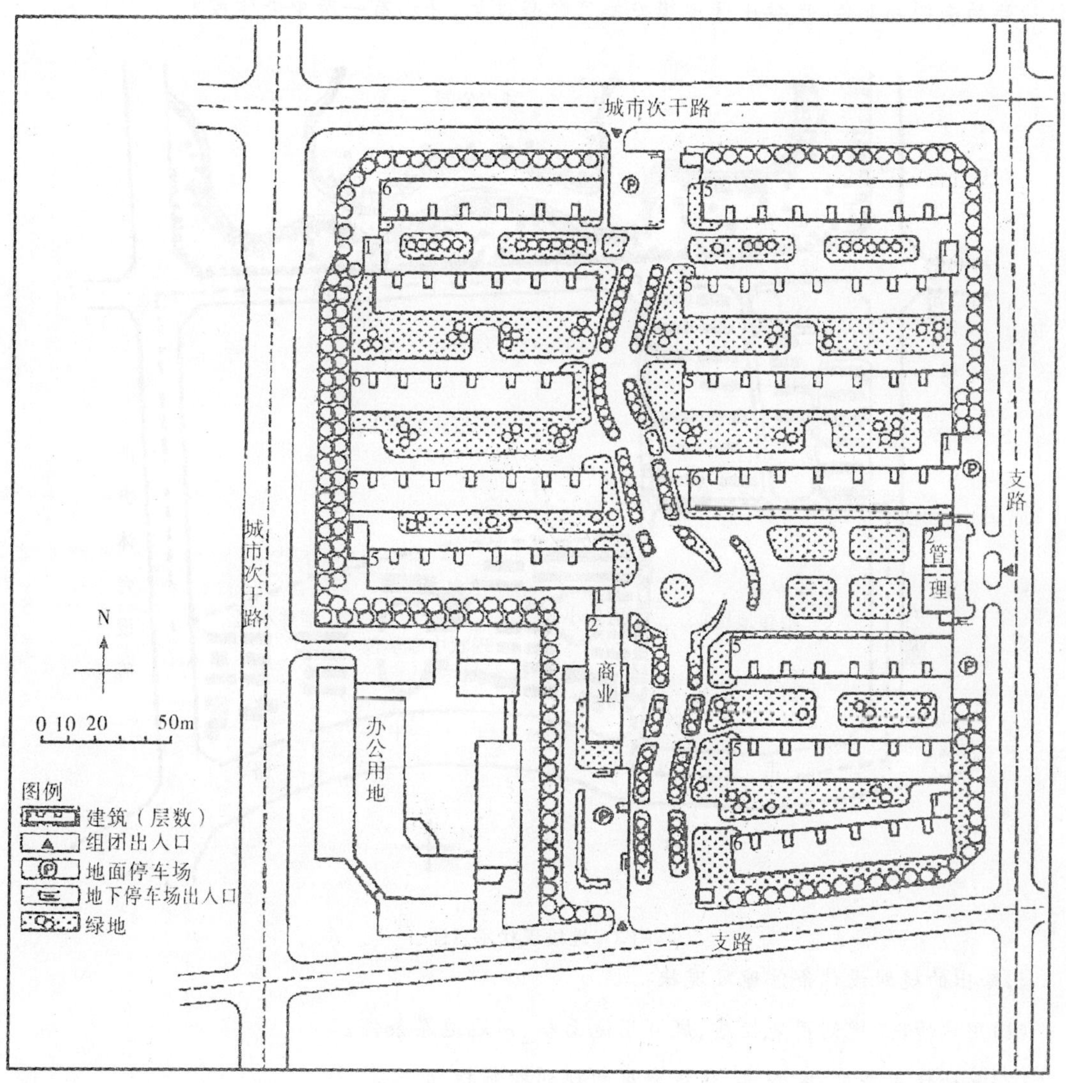

图 2　某市居住组团规划方案示意图

【问题】

评析该方案，具体指出方案的主要优点和存在的问题。

试题三(共 15 分)

某建设单位通过参与国有土地使用权拍卖,竞得某城市中心区两个地块的土地使用权。两地块面积共 46hm²,规划性质为居住和公建,建设总量控制为住宅 60 万 m²,公建 40 万 m²。该地段西侧、北侧为城市公园,东侧为市级体育设施。地块南侧和东侧临城市主干路,西、北两侧为城市次干路。城市干路围合范围内的用地面积为 85hm²,其中已建成 3 个居住小区,分别位于该地块的南侧和北侧,已按小区规模安排了配套设施,并已有一所中专学校。

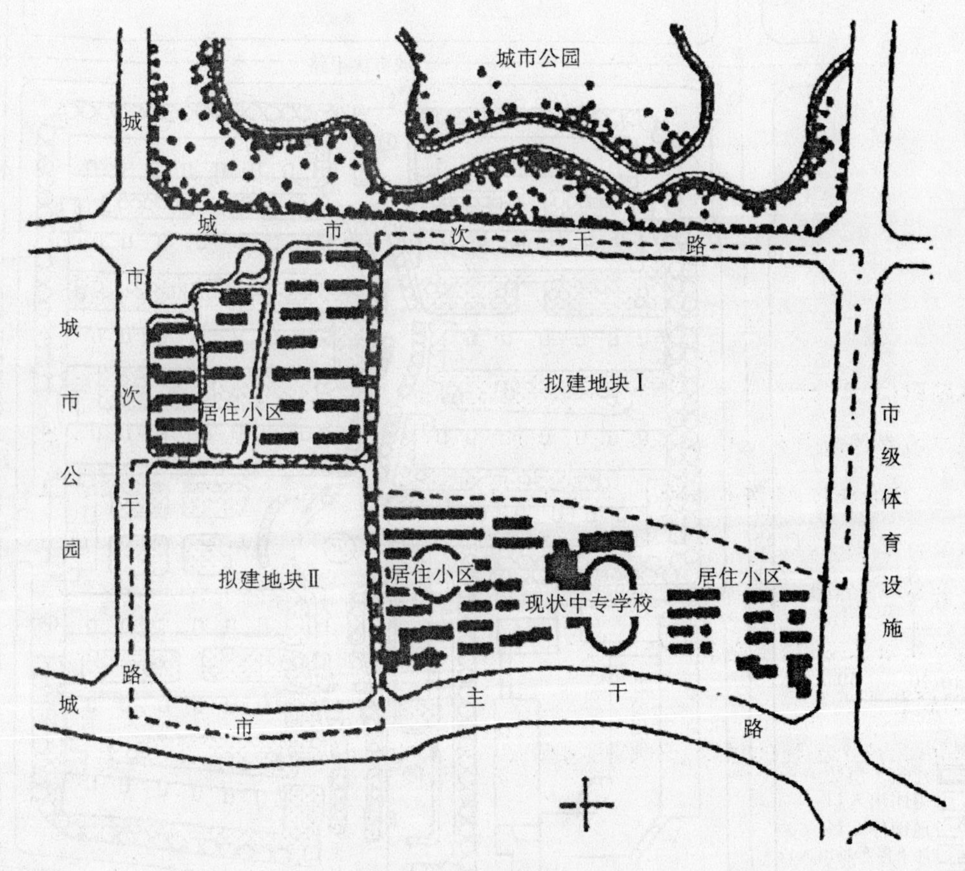

图 3　地段现状示意图

已给出的规划设计条件地段现状:

(1)用地情况:规划用地性质、规划用地面积、用地边界条件。

(2)土地使用强度:容积率、建筑密度的规划控制指标。

(3)建筑后退要求:包括城市绿化带和建筑后退线及间距规定。

(4)绿地率及集中绿地配置要求。

(5)建筑风格、体量、色彩等要求。

(6)遵守事项:规划设计条件的时限、规划方案编制、报审及建设项目相关手续申报须符合的有关规范和规定要求。

【问题】

试补充其他必要的规划设计条件。

试题四(共 15 分)

某市的市区南部有一段古城墙,为省级文物保护单位,并在古城墙内外两侧各划定了 100m 的保护区,只准绿化,不许建设,由园林绿化队负责管理。有一投资者看中了这块风水宝地,与绿化队签订了协议,投资者每年支付给绿化队 100 万元租金,绿化队同意投资者在距古城墙 50m 处建设了 5 栋 2 层青瓦灰砖的别墅。投资者刚开始施工,即被该市城乡规划行政主管部门规划监督执法队发现,责令立即停工。

【问题】

试分析:这个工程的性质是什么?为什么?应该如何处理?

试题五(共 15 分)

某市地处经济发达地区的西部,沿江河流域发展已形成“一主两次”三个组团。东南向与经济发达核心地区相邻接,处于发达地区与内地经济腹地的交汇点。该市近几年基础设施不断改善,经济发展态势良好,处在城市化快速发展时期。主城区已达到发展饱和状态,建设重点已逐步向东北部沿江和南部跨江的地区蔓延。

为了引导城镇建设的有序发展,市政府开展了一轮总体规划,针对城市拓展方向提出了两个比选方案(如图 4 所示)。

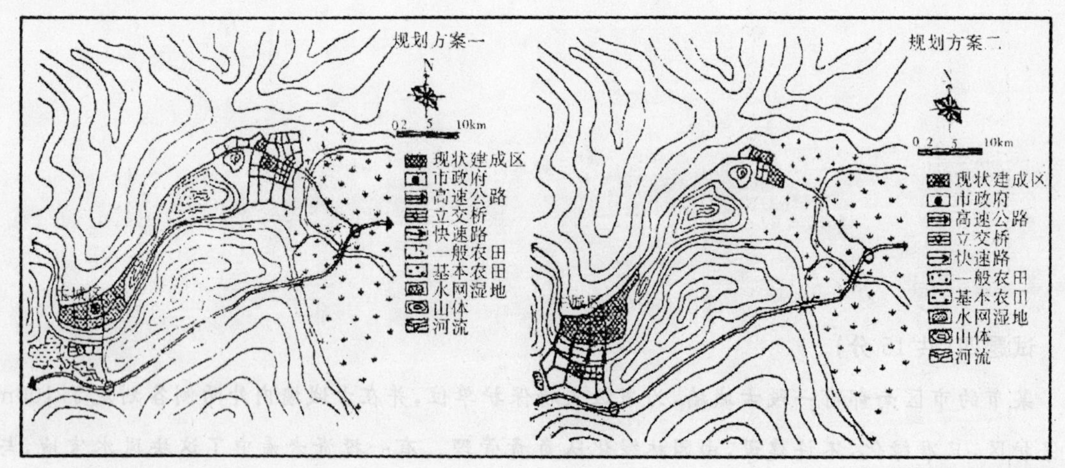

图 4 规划方案图

【问题】

根据以上条件及附图分别指出两个比选方案的主要优缺点。

试题六(共 15 分)

图 5 所示为某市市区边缘地段拟建的一所 18 班小学。

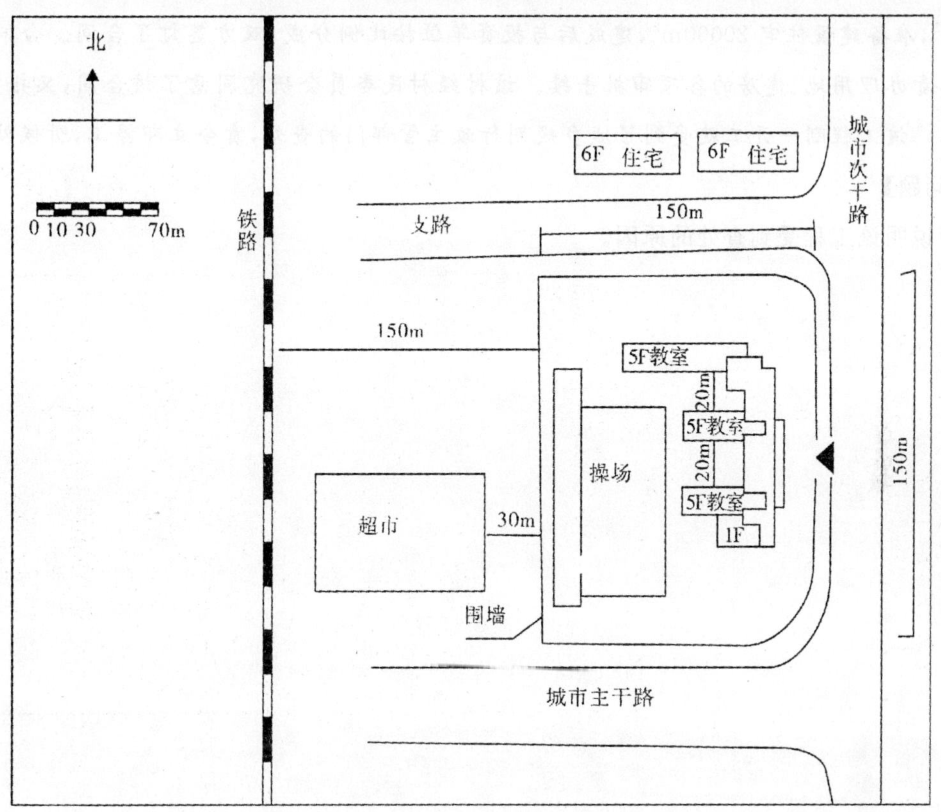

图 5 某小学及其外部环境示意图

【问题】

请指出该小学在选址和总平面布置中存在的主要问题。

试题七(共 15 分)

某市近郊区的某村,采用引资的方法改造旧村。该村拟先占用耕地 1.5hm^2,然后还耕 2.5hm^2,准备建设住宅 20000m^2,建成后与投资单位按比例分成,双方签订了合同。合同规定,该村负责办理用地、建房的各项审批手续。该村经村民委员会研究同意了该合同,又报经乡政府批准。该工程刚一开工就受到了城乡规划行政主管部门的查处,责令立即停工,听候处理。

【问题】

请说明该工程受到查处的原因。

全国注册城市规划师执业资格考试专家押题试卷(六)

《城市规划实务》

试题一(共 15 分)

某开发商拟在滨江规划建设一居住小区，用地规模约 $12hm^2$，提出了一个用地功能的布局方案。该居住小区规划方案如图 1 所示。

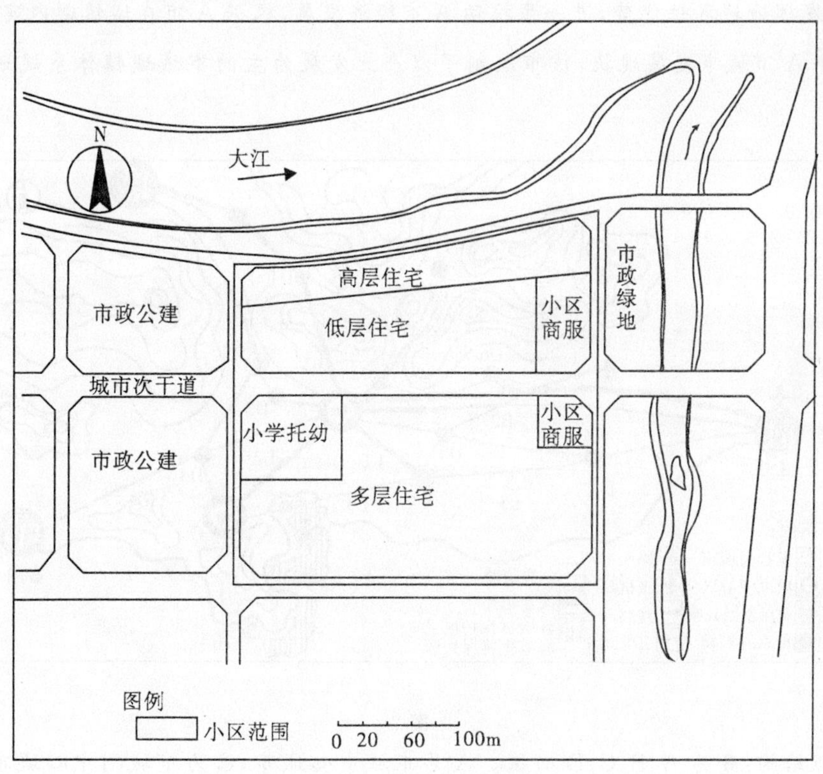

图 1　某小区规划示意图

【问题】

试对该居住小区的规划方案指出不妥之处。

试题二(共 10 分)

A 市位于我国东南部沿海丘陵地区。北部为山区,中部为山前平原,南部为滨海平原。在周边城镇群中定位为滨海旅游城市。

区域概况:该市周边分布有甲、乙、丙三个城市,其中甲市位于 A 市西侧,距 A 市约 200km,为我国东南部沿海重要的港口城市,并已建成国际机场一座;乙市在 A 市北侧,距 A 市约 140km,是我国重要的加工业产业基地;丙市为港口城市,距 A 市约 160km。

自然条件:该市自然生态环境较好,风景旅游资源丰富,其中北部部分山体列入国家自然保护区,国家 4A 级风景旅游区;沿海地区中部海岸为约 2km 的平坦的沙质岸线,沙软潮平,水质清澈,附近有海岛;西部主要为礁石海岸,但水深较浅;东部沿海为我国著名的红树林及海洋生物保护区。

为充分发挥地域区位优势,进一步推动 A 市经济发展,根据 A 市在城镇群内滨海旅游城市的定位,结合 A 市城市发展现状,该市编制了以产业发展为主的市域城镇体系规划,主要内容如下:

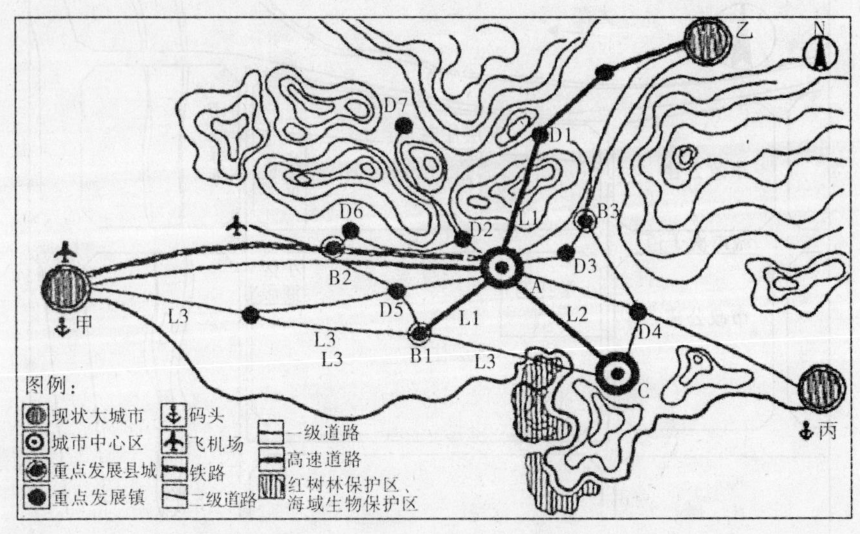

图 2

(1)等级结构:分为 A、B、C、D 四级。A 为市域中心城市;C 为市域副中心城市,未来城市发展区域;B 为重点发展城镇;D 为一般城镇。

(2)职能结构及产业定位:

①A 为市域中心城市,是全市政治、经济、文化中心。

②C 市为现状县城,拟作为未来城市的副中心,为未来城市发展方向,定位为县级市,建设新型工业区,并布局大型区域电厂(装机容量 480 万 KW)一座。

③B1、B2、B3 为现状县城,拟作为重点发展市域副中心城市,其中 B1 定位为工业型城市,并拟建设大型深水码头;B2 定位为商贸城市;B3 拟建设为东南地区重要的加工制造基地。

④D1 为重点旅游城镇，为旅游集散中心，D2、D3、D4、D5 重点发展工业。

(3)交通规划：

①为把该市建设成重要的港口城市，拟在 B1 进行建设深水港码头。

②考虑到 A 市现状基础设施和城镇依托条件较好，拟定于市域西侧建设机场。

③为促进区域协调发展规划完善道路交通体系网，拟加快环形公路网建设，重点建设 L1、L2、L3 三条道路，其中 L1 为连接 B1、A 及 D1 的高速公路，L2 为 B2、A 及 C 的高速公路，L3 为连接甲、B1 及 C 的滨海道路，以加强各城镇之间的联系。

【问题】

请指出：该规划在区域协调发展、城镇及产业布局、交通等方面中的不合理之处，并简要提出改进意见。

试题三(共 15 分)

图 3 所示为某市一个居住组团规划方案，规划用地 9 万 m^2，规划住宅户数 800 户，人口约 3000 人。该地块西、北临城市次干路，东、南两侧为支路，在地块外西南角为现状行政办公用地。根据当地规划条件要求，住宅建筑均为 5 层，层高 2.8m，日照间距系数不小于 1.4。该规划方案布置出入口，安排地面和地下停车场，并有市政工程和环卫设施配套。

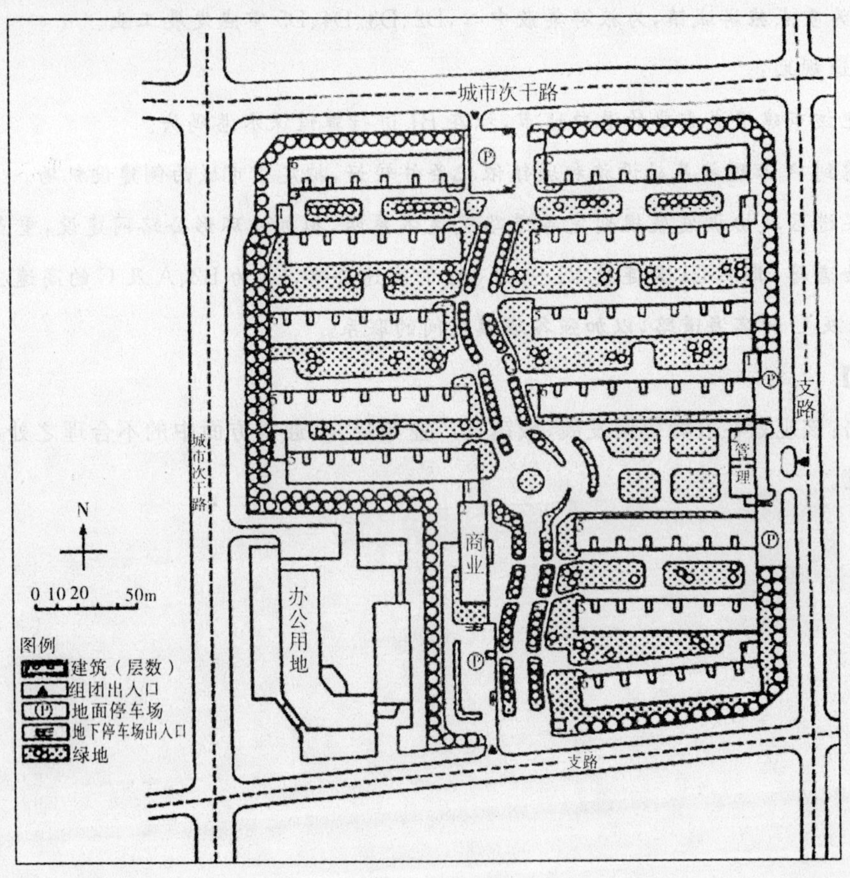

图 3　规划方案示意图

【问题】

评析该方案，具体指出方案的主要优点和存在的问题。

试题四(共 15 分)

某县级市为发展当地经济,拟出让县政府所在镇中心区的一块规划建设用地的土地使用权,该市规划行政主管部门依据镇中心区的控制性详细规划提出了规划条件。

甲房地产开发公司通过土地市场公开交易的方式,取得了该用地的土地使用权,并与土地行政主管部门签订了土地使用权出让合同。出让合同中明确了出让地块的位置、使用性质、容积率、绿地率和需要同步建设的公共服务设施等要求,但未对建筑高度作出明确规定。

甲公司在组织编制修建性详细规划时,为了突出企业形象和便于建筑布局,向规划行政主管部门提出了以下要求:

(1)将用地内原规划安排在西北角的消防站调整到用地东北角。

(2)在维持其他规划条件不变的前提下,将用地东南角三栋住宅楼的建筑高度由 18 米增加到 30 米。

该市规划行政主管部门经委托省规划院进行专题论证,认为甲公司提出的要求不违背镇总体规划,也有利于城市景观和城市功能布局优化。

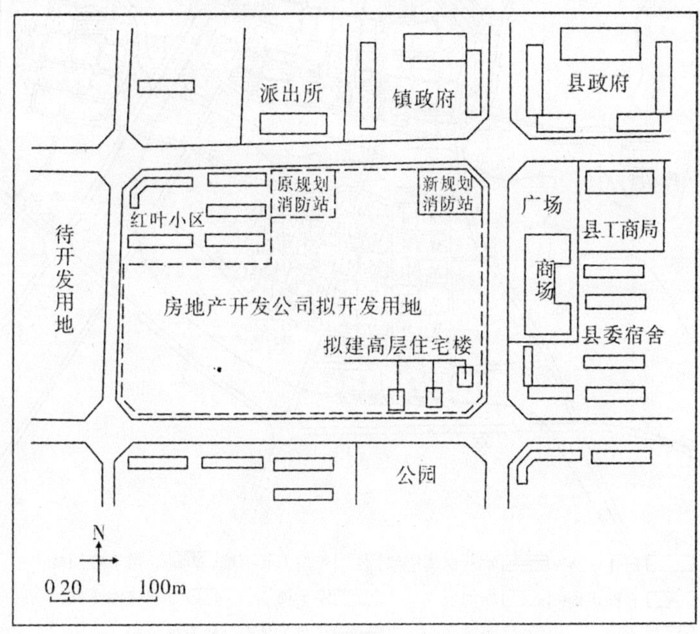

图 4 某地块修建性详细规划方案示意图

【问题】

1. 甲公司在通过公开交易的方式取得土地使用权后,是否还可以向市政规划行政主管部门提出变更规划条件的申请?为什么?

2. 该市规划行政主管部门是否可以依法批准甲公司的以上申请?为什么?依法批准必须履行的程序是什么?

试题五(共 15 分)

图 5 所示为某市 25 万人口的城市主城区总体规划示意图。

该市的东、南有高速公路和铁路,南部设有客货兼营火车站一座,西边为一湖泊,东南方向离某特大城市约 70km,西北方向离某地级市约 50km。

该市确定以发展无污染工业和旅游度假服务为主导的综合性城市。规划以河流、绿带为轴,贯穿城市中部,分北城区、南城区、东组团三区片。北城区为全市公共活动中心和居住区,南城区为工业、仓储区,东组团为新规划的居住区。沿湖风景优美,规划两座度假村。

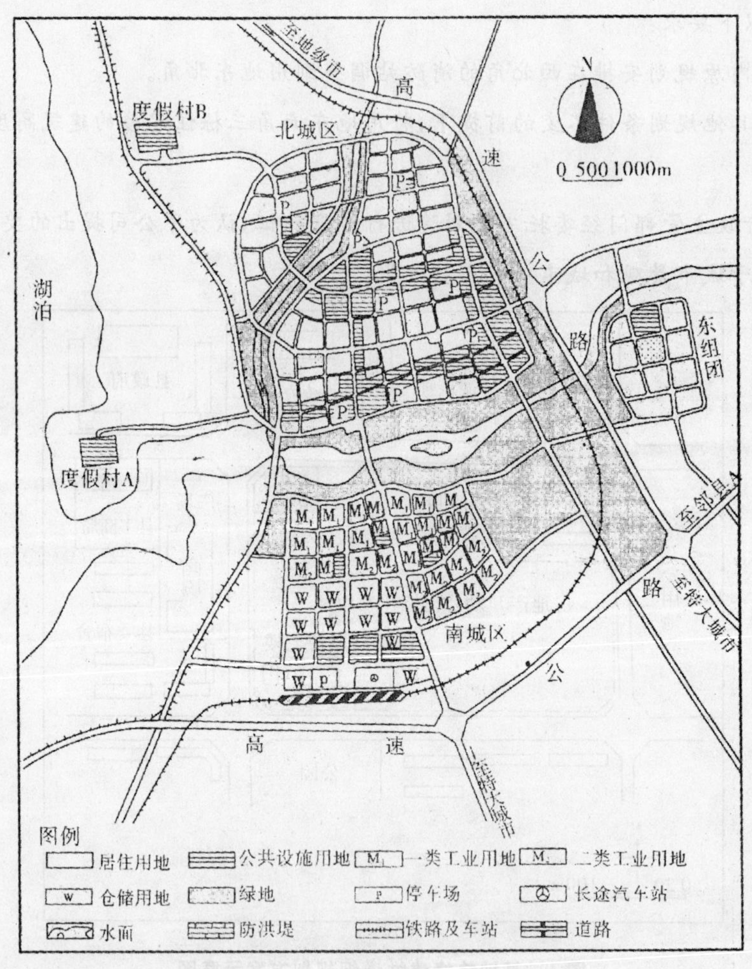

图 5　某城市主城区总体规划示意图

【问题】

请指出该总体规划布局的主要不当之处并说明理由。

试题六(共 15 分)

某市的市区北部有一段古城墙，为省级文物保护单位，并划定古城墙内外各 100m 为保护区，只准绿化，不许建设，由园林绿化队管理。有一投资者看中这块风水宝地，以每年支付 100 万元的租金在离古城墙 50m 处投资建设 5 栋 2 层青瓦灰砖小别墅，在与绿化队签订了协议后，随即组织施工。此时，被该市城市规划行政主管部门规划监督检查执法队发现，责令立即停工。

【问题】

该工程属于什么性质？为什么？应该如何处理？

试题七(共 15 分)

某市中心区有一座市级医院，地处两条交通繁忙的干道西北角，占地 0.48hm²。医院为改善门诊设施，决定将位于临街转角处 2 层门诊楼原地改建为 6 层，并提出了医院改建总平面方案图。改建之后的全院总建筑面积为 14000m²。该市市级医院申请规划方案示意图如图 6 所示。

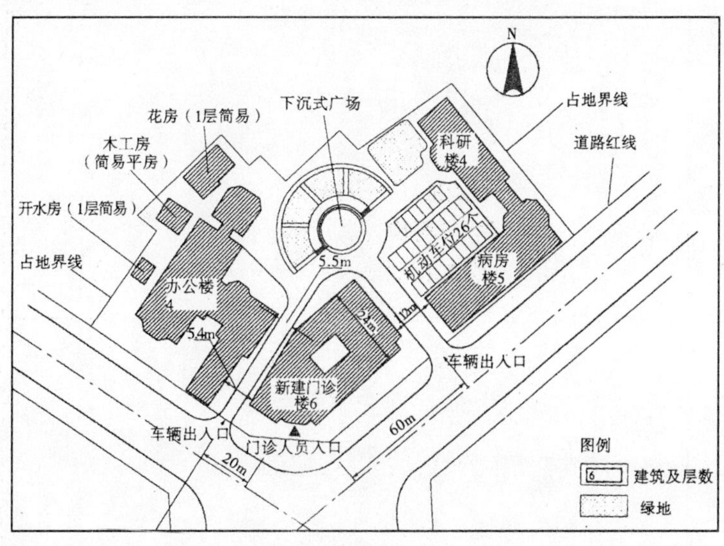

图 6　某市市级医院申请规划方案示意图

【问题】

试分析这个规划在总平面布置、交通组织、安全防火等方面主要存在什么问题。

（提示：①该市医院建筑的规定停车泊位可按 5 辆/100m² 计算；②不涉及建筑高度、体型、容积率、后退红线等其他问题）